伴随孩子成长一生的经典书系

经典文学
彩色美绘本
JING DIAN WEN XUE

悦读悦好

经典润泽心灵
文学点亮人生

读一本好书
点亮一盏心灯
用经典之笔
打好人生底色
与名著为伴
塑造美好心灵

一本书像一艘船
带领我们从狭隘的地方
驶向人生的无限广阔的海洋

权威专家亲自审订 一线教师倾力加盟

SENLINBAOXIA

教育部推荐
语文新课标必读丛书

森林报 夏

[苏] 比安基／著

博尔／改编

重庆出版集团 重庆出版社

图书在版编目（CIP）数据

森林报·夏/（苏）比安基著：博尔改编. — 重庆：重庆出版社， 2015.5（2018.10重印）
ISBN 978-7-229-09683-0

Ⅰ.①森⋯　Ⅱ.①比⋯ ②博⋯　Ⅲ.①森林－少儿读物
Ⅳ.①S7-49

中国版本图书馆CIP数据核字（2015）第069413号

森林报·夏

（苏）比安基　著　博尔　改编

责任编辑：王　炜
装帧设计：文　利

 重庆出版集团
重庆出版社　出版、发行

重庆市南岸区南滨路162号1幢
邮政编码：400061　http://www.cqph.com
河北远涛彩色印刷有限公司印刷
全国新华书店经销

开本：710mm×1000mm　1/16　印张：9　字数：110千
2015年5月第1版　2018年10月第4次印刷
ISBN 978-7-229-09683-0
定价：30.00元

如发现质量问题，请与我们联系：（010）52464663

◎ 扬起书海远航的风帆 ◎

—— 写在"悦读悦好"丛书问世之际

阅读是中小学语文教学的重要任务之一。只有把阅读切实抓好了，才可能从根本上提高中小学生的语文水平。

青少年正处于求知的黄金岁月，必须热爱阅读，学会阅读，多读书，读好书。

然而，书海茫茫，浩如烟海，该从哪里"入海"呢？

这套"悦读悦好"丛书的问世，就是给广大青少年书海扬帆指点迷津的一盏引航灯。

"悦读悦好"丛书以教育部制定的《语文课程标准》中推荐的阅读书目为依据，精选了六十余部古今中外的名著。这些名著能够陶冶你们的心灵，启迪你们的智慧，营养丰富，而且"香甜可口"。相信每一位青少年朋友都会爱不释手。

阅读可以自我摸索，也可以拜师指导，后者比前者显然有更高的阅读效率。本丛书对每一部作品的作者、生平、作品特点及生僻的词语均作了必要的注释，为青少年的阅读扫清了知识上的障碍。然后以互动栏目的形式，设计了一系列理解作品的习题，从字词的认读，到内容的掌握，再到立意的感悟、写法的借鉴等，应有尽有，确保大家能够由浅入深、循序渐进地掌握科学阅读的基本方法。

本丛书为青少年学会阅读铺就了一条平坦的大道，它将帮助青少年在人生的路上纵马奔驰。

本丛书既可供大家自读、自学、自练，又可供教师在课堂上作为"课本"使用，也可作为家长辅导孩子学好语文的参考资料。

众所周知，阅读是一种能力。任何能力，都是练会的，而不是讲会的。再好的"课本"，也得靠同学们亲自费眼神、动脑筋去读，去学，去练。再明亮的"引航灯"，也只能起引领作用，代替不了你驾轻舟乘风破浪的航行。正所谓"师傅领进门，修行靠个人"。

作为一名语文教育的老工作者，我衷心地祝福青少年们：以本丛书升起风帆，开启在书海的壮丽远航，早日练出卓越的阅读能力，读万卷书，行万里路，成为信息时代的巨人！

高兴之余，说了以上的话，是为序。

人民教育出版社编审　　张空远

原全国中语会理事长　　2014.10 北京

◎ 悦读悦好 ◎

—— 用愉悦的心情读好书

很多时候，我们往往是有了结果才来探求过程，比如某同学考试得满分或者第一名，大家在叹服之余自然会追问一个问题——他（她）是怎么学的？……

能得满分或第一名的同学自然是优秀的。但不要忘了，其实我们自己也很优秀，我们还没有取得优异成绩的原因可能是勤奋不够，也可能是学习意识没有形成、学习方法不够有效……

优秀的同学非常注重自身的修炼，注意培养良好的学习习惯和学习能力，尤其是总结适合自己的学习方法和学习途径。阅读是丰富和发展自己的重要方法和途径，阅读可以使我们获得大量知识信息，丰富知识储量，阅读使我们感悟出更多、更好的东西——我们在阅读中获得、在阅读中感悟、在阅读中进步、在阅读中提升。

为帮助广大学生在学习好科学知识、取得理想的学业成绩的同时，还能培养良好的学习意识和学习能力、构建科学的学习策略，形成属于自己的学习方法和发展路线，我们聘请全国教育专家、人民教育出版社语文资深编审张定远、熊江平、孟令全等权威专家和一批资深教研员、名师、全国著名心理学咨询师联袂打造本系列丛书——"悦读悦好"。丛书精选新课标推荐名著，在构造上力求知识性、趣味性的统一，符合学生的年龄特点、阅读习惯和行为习惯。更在培养阅读意识、阅读方法、能力提升上有独特的创新，并增加"悦读必考"栏目以促进学生有效完成学业，取得优良成绩。

本丛书图文并茂，栏目设置科学合理，解读通俗易懂，由浅入深，根据教学需要划分为初级版、中级版和高级版三个模块，层次清晰，既适合课堂集中学习，也充分照顾学生自学的需求，还适合家长辅导使用；既有知识系统梳理和讲解，也有适量的知识拓展；既留给学生充分的选择空间，也充分体现新课改对考试的要求，是一套有价值的学习读物。

没有最好，只有更好。本套丛书在编撰过程中，得到教育专家、名师的广泛关注指导，广大教师和同学们的积极支持参与，对此我们表示最真诚的感谢！我们将热忱欢迎广大教师和学生给我们提出宝贵意见，以便再版时丰富完善。

"悦读悦好"编委会

◎ 功能结构示意图 ◎

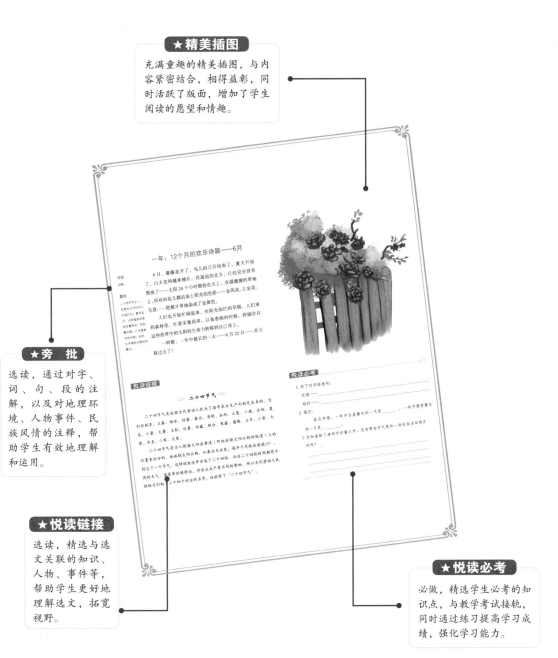

★精美插图
充满童趣的精美插图，与内容紧密结合，相得益彰，同时活跃了版面，增加了学生阅读的愿望和情趣。

★旁批
选读，通过对字、词、句、段的注解，以及对地理环境、人物事件、民族风情的注释，帮助学生有效地理解和运用。

★悦读链接
选读，精选与选文关联的知识、人物、事件等，帮助学生更好地理解选文，拓宽视野。

★悦读必考
必做，精选学生必考的知识点，与教学考试接轨，同时通过练习提高学习成绩，强化学习能力。

"悦读悦好" 系列阅读计划

　　在人的一生中，获得知识离不开阅读。可以说阅读在帮助孩子学习知识、掌握技能、培养能力、健康成长等方面都有着重要的不可或缺的作用。阅读不仅仅帮助孩子取得较好的考试成绩，而且对孩子各种基础能力的提高都有重大的意义。培养孩子的阅读兴趣和养成良好的阅读习惯、掌握有效的阅读技能是教育首先要解决的重大课题之一。为此，我们为学生制订了如下科学合理的阅读计划。

学　段	阅读策略	阅读推荐	阅读建议
1～2年级	适合蒙学，主要特点是韵律诵读、识字、写字和复述文段等。 　　目标：初步了解文段的大致意思、记住主要的知识要点。	适合初级版。 《三字经》 《百家姓》 《声律启蒙》 《格林童话》 《成语故事》 ……	适合群学——诵读比赛、接龙、抢答。 　　阅读4～8本经典名著，以简单理解和兴趣阅读为主，建议精读1本（背诵），每周应不少于6小时。
3～4年级	适合意念阅读，在教师或家长引导下，培养由需求而产生的愿望、向往或冲动的阅读行为。 　　目标：培养阅读兴趣，养成良好的阅读习惯。	适合初级版和中级版。 《增广贤文》 《唐诗三百首》 《十万个为什么》 《少儿百科全书》 《中外名人故事》 ……	适合兴趣阅读和群学。 　　阅读8～16本经典名著，以理解、欣赏阅读为主，逐步关注学生自己喜欢或好的作品，每周应不少于6小时。
5～6年级	适合有目的的理解性阅读，主要特点依据教学和自身的需要选择合适的阅读材料。 　　目标：逐步培养阅读能力，培养学习意志和初步选择意识。	适合中级和高级版。 《柳林风声》 《尼尔斯骑鹅旅行记》 《海底两万里》 《鲁滨孙漂流记》 《钢铁是怎样炼成的》 ……	适合目标性阅读和选择性阅读。 　　选择与教学关联为主的阅读材料；选择经典名著并对经典名著有自己的理解和偏好。每周应不少于10小时。
7～9年级	适合欣赏、联想性和获取知识性阅读。 　　学生的人生观、世界观和价值观日渐形成，通过阅读积累知识、提高能力、理解反思，达成成长目标。	适合中级和高级版。 《论语》 《水浒传》 《史记故事》 《爱的教育》 《三十六计故事》 ……	适合鉴赏和分析性阅读。 　　适当加大精读数量，培养阅读品质（如意志、心态等），形成分析、反省、质疑和批判性的阅读能力。

目录 MU LU

◎ 夏季第三月——成群结队月

森林历

SENLINLI

No.4

夏季第一月 ｜ 6月21日到7月20日

建造家园月

· 太阳进入巨蟹宫 ·

一年：12个月的欢乐诗篇——6月

迁徙

迁移。

夏至

二十四节气之一，在每年公历6月21日或22日。夏至这一天，太阳直射地面的位置到达一年的最北端，几乎直射北回归线，此时，北半球的日照时间最长。

6月，蔷薇花开了，鸟儿的迁徙结束了，夏天开始了。白天变得越来越长，在遥远的北方，已经完全没有黑夜了——太阳24个小时都挂在天上。在湿漉漉的草地上，所有的花儿都沾染上阳光的色彩——金凤花、立金花、毛茛……把整片草地染成了金黄色。

人们也开始忙碌起来。在阳光灿烂的早晨，人们来到森林里，忙着采集药草，以备患病的时候，将储存在这些药草中的太阳的生命力转移到自己身上。

一转眼，一年中最长的一天——6月22日——夏至就过去了！

过了夏至这一天，白昼开始缩短。不过，它们缩短的速度慢极了，就跟春天时光明增加的速度一样慢！但无论多慢，人们还是觉得有些快，就像民谚说的："夏天的头顶已经从篱笆缝里露出来了！"

所有的鸟儿都有了自己的巢，所有的巢里都有了蛋——白色的、浅灰色的、

粉红色的……过不了多久，那些娇弱的小生命就会啄破薄薄的蛋壳，来到这个世界上！

悦读链接

❧ 二十四节气 ❧

二十四节气是我国古代劳动人民为了指导农业生产而制定出来的。它们分别是：立春、雨水、惊蛰、春分、清明、谷雨、立夏、小满、芒种、夏至、小暑、大暑、立秋、处暑、白露、秋分、寒露、霜降、立冬、小雪、大雪、冬至、小寒、大寒。

二十四节气是古人根据太阳在黄道（即地球绕太阳公转的轨道）上的位置来划分的。地球绕太阳公转，从春分点出发，每半个月就会前进15°，到达下一个节气。这样就把全年分成了二十四份。而这二十四段时间拥有不同的天气、温度等环境特征，对农业生产有不同的影响。所以古代劳动人民就给它们起了二十四个对应的名字，这就有了"二十四节气"。

悦读必考

1.用下列词语造句。

迁徙——＿＿＿＿＿＿＿＿＿＿＿＿＿＿＿＿＿＿＿＿＿＿＿

灿烂——＿＿＿＿＿＿＿＿＿＿＿＿＿＿＿＿＿＿＿＿＿＿＿

2.填空。

在北半球，一年中白昼最长的一天是＿＿＿＿＿＿，一年中黑夜最长

的一天是_____。

3. 你知道除了清明节扫墓之外，还有哪些节气是和一些民俗活动相关的吗？

_____

_____

_____

大家都住在哪儿

到了孵化小鸟的时候了，森林里的居民们都建好了自己的房子。我们的通讯员决定去了解一下：那些飞禽走兽、鱼儿、虫儿，都把家安在哪里？生活又过得怎么样呢？

各种各样的房子

现在，整个森林里都住满了居民。地面上、地底下、水面上、水底下、树枝上、树干上、草丛里、半空中，没有一块地方是空的！

盖在半空中的，是黄鹂的住宅。它们用大麻、草茎和毛

发编成一个轻巧的小篮子，挂在白桦树的树枝上。篮子里有几个小巧的蛋。说来也奇怪，风吹得树枝来回摇晃，可这些蛋却一点儿事也没有！

百灵、林鹨、鸥鸟和许许多多别的鸟，都把房子盖在草丛里。我们的通讯员特别喜欢篱莺的住宅。它是用许多干草和干苔藓搭成的，上面有个棚顶，旁边还开了个小门。

树上的洞屋里面，住的是鼯鼠、小蠹虫和啄木鸟、山雀、猫头鹰等鸟儿。

蠹虫

咬器物的虫子；比喻危害集体利益的坏人。

地底下的居民有鼹鼠、田鼠、獾和各种各样的虫儿。

鸊鹈的巢浮在水面上，它是用沼泽里的软草、芦苇和水藻堆成的。鸊鹈就住在这个浮巢里，在水面上漂来漂去，好像在乘着木筏旅行一样。

至于河榧子和水蜘蛛，它们把房子建在了水底下。

鸊鹈

鸟，外形略像鸭而小，翅膀短，不善飞，生活在河流湖泊上的植物丛中，善于潜水，捕食小鱼、昆虫等。

最好的住宅

在这么多的住宅中，到底哪所最好呢？我们的通讯员想评选出最好的住宅，却发现这并不是一件容易的事情。

雕的巢最大，是用粗树枝搭成的，架在高高的松树上。

黄脑袋戴菊鸟的巢最小，只有小拳头那么大！这是因为它的身子比蜻蜓还要小！

田鼠的住宅最巧妙，有许多门：前门、后门、逃生门。

不管你有多大的能耐，费多大的劲儿，也休想在它的家里捉住它！

卷叶象鼻虫的住宅最精致。它们把白桦树叶的叶脉咬掉，等叶子枯黄的时候，再卷成筒，用唾液粘上，就成了一个温暖的家！

勾嘴鹬和欧洲莺的住宅最简单。小河边的沙滩、树底下的枯叶堆和小土坑等都是它们的家。

反舌鸟的住宅最漂亮！这个住宅盖在白桦树的树枝上，上面装饰着许多苔藓和轻巧的桦树皮！

长尾巴山雀的住宅最舒服！它的巢里层是用绒毛、羽毛和兽毛编成的，外面再贴上一层苔藓，整个巢圆圆的，就像个小南瓜。在这个小南瓜的正当中，还开着一个小圆门！

石蛾的住宅最奇特。这种生着翅膀的小昆虫，当它们停下来的时候，就会把翅膀收起来盖在背上，将整个身子都遮住！不过，石蛾的幼虫却没有翅膀，全身光溜溜的，没有任何东西遮挡。于是，它们便找到一根细枝或一片芦苇，大概和自己的身子差不多长短，然后再把

反舌鸟

学名乌鸫，是鸫科鸫属的鸟类。

山雀

雀形目山雀科鸟类的统称，是体型较麻雀纤细的食虫鸟类，常见于平原、丘陵、盆地等，在山地林区数量较平原地区的数量多。

一个沙泥小筒粘在上面，倒着爬进去。你想想，这有多安全！全身都藏在小圆筒里，谁也不会看见它！要是想换个地方，就伸出前腿，背着小房子在河底爬上一阵子，反正这房子非常轻便！

银色水蜘蛛的住宅最奇怪。在水底的水草间，布上一张网，再用毛茸茸的肚皮带来一些气泡，这样就成了一个家。

还有谁会做巢

我们的通讯员还找到了鱼和野鼠的巢。

棘鱼为自己造了个地地道道的家！这个家的建造工作全是由雄棘鱼完成的。它们在建造的时候，只选那些很重的草茎。这种草茎，就是放到水面上，也会很快沉下去！雄棘鱼拿这些草茎做成墙壁和天花板，用唾液将它们粘牢，然后再用苔藓堵住那些小孔，一个温暖、结实的家就建好了！

至于野鼠的巢，和鸟巢差不多，也是用草叶和撕得细细的草茎编成的。这个巢架在圆柏树的树枝上，距离地面大约有 2 米高。

材料哪里来

森林里的房子都是用不同的材料建造的。

鸫鸟的圆形巢，内壁涂抹着烂木屑，就像我们用石

棘鱼

即刺鱼，产于北半球温带区，体型小，特征是背部在背鳍鳍部前方有一行棘，是筑巢最精致的鱼。

野鼠

指睡鼠，夏天在树上筑巢，冬天主要在贴近地面的树洞中冬眠。

灰粉涂墙一样。

家燕和金腰燕的家是用烂泥做的。它们用自己的唾液，把这座泥房子粘得牢牢的。

黑头鹰的巢是用细树枝搭成的。它用又轻又黏的蜘蛛网，将这些细树枝粘牢。

鸸这个小家伙，最大的本事就是在笔直的树干上，头朝下跑上跑下。所以，它干脆就住在了树洞里。为了防止松鼠闯进自己的家，它还用胶泥把洞口封了起来，只留下一个刚刚能够让自己挤进去的小洞！

至于长着蓝绿羽毛、咖啡色条纹的翠鸟的巢，可是最有趣不过了！它在河岸上挖一个深深的洞，再在上面铺上一层细鱼刺，一条软软的床垫就做成了！

鸸

鸟，种类很多，常见的是普通鸸，身体长12厘米左右，嘴长而尖，背部蓝灰色，腹部棕黄色。生活在森林中，吃昆虫。

借住在别人家

并不是所有的动物都会用心地建造自己的房子，还有一些笨家伙和懒家伙！它们不会造房子，或者懒得自己造房子，只能去借住别人的房子！

黑勾嘴鹞找到一个旧乌鸦巢，在那里孵起小黑勾嘴鹞来。船砢鱼则把鱼子产在了无主的虾洞里。而杜鹃，干脆把蛋下在鹡鸰、知更鸟、黑头莺或其他会做巢的小鸟的窝里。

不过，比起麻雀，它们还是要逊色一些！

开始的时候，麻雀将巢建在了屋檐下，但很不幸，

被那些淘气的男孩捣毁了！

后来，它又在树洞里造了个巢，可一转眼，巢里的蛋就被伶鼬偷走了！

于是，麻雀便把家安在了雕的大巢里。雕的巢是用粗树枝搭成的，麻雀就把自己的小住宅安置在这些粗树枝之间，又宽敞又透气。

现在，麻雀可以过太平日子了！像它这么小的鸟儿，雕是根本不去理会的！至于那些伶鼬、猫儿、老鹰什么的，甚至那些男孩，也不敢再来捣乱了，因为谁都害怕大雕啊！

伶鼬

鼬科鼬属的动物，又叫银鼠。主要以小型啮齿类动物为食，也吃小鸟、蛙类及昆虫等。

集体宿舍

森林里也有集体宿舍。

蜜蜂、黄蜂、丸花蜂和蚂蚁的住宅，能住得下成千上万个房客。白嘴乌鸦占据了果木园、小树林，作为自己的移民区。在那里，聚集着数不清的乌鸦巢。

鸥占据了沼泽、沙岛和浅滩；灰沙燕在陡峭的河岸上开凿了无数房间，把河岸弄得就像个筛子！

陡峭

指山势高而陡峻，比喻不平坦。

住宅里都有什么

巢里当然有蛋了，而且不同的巢有不同的蛋！比如，勾嘴鹬的蛋上净是大大小小的斑点儿；歪脖鸟的蛋上则是白色中带着一点儿粉红色。

为什么不同的鸟会产不同的蛋呢？这里面可是有着大学问的！

比如，歪脖鸟将蛋下在深邃而黑暗的树洞里，不会被别人看见，所以颜色亮一点儿也没关系。可勾嘴鹬的蛋就下在草墩子上，如果它们是白色的，无论是谁，一眼就可以看到！而如果它们斑斑点点，和草墩子一样，别人就不会轻易发现了！

你也许会想，野鸭的蛋也是白色的，并且也下在草墩子上，这可怎么办？别担心，它们会耍花招儿！它们在离开巢的时候，会啄下自己肚子上的绒毛，把蛋盖好，这样就不会被发现了！

或许，你又要问了：为什么勾嘴鹬的蛋一头尖尖的，而那些猛禽兀鹰的蛋却圆溜溜的？

这里面的道理也很简单：勾嘴鹬的个头儿很小，蛋却很大。蛋一头儿尖尖的，就可以小头儿对小头儿，紧靠在一起，不会占用很大的地方。你想想，如果不是这样，勾嘴鹬怎么能用那么小的身体盖住那么多的蛋，来孵它们呢？

兀鹰的身体有勾嘴鹬的五倍大，可勾嘴鹬产下的蛋和兀鹰的蛋却差不多大小，这是怎么回事呢？

歪脖鸟

学名蚁䴕，受惊时颈部像蛇一样扭转，故得名"歪脖"。以长舌舐食地上的蚂蚁或树上的昆虫为食，在旧的啄木鸟洞穴中营巢。

勾嘴鹬

应为"勾嘴鹬"。一种小型的涉禽，嘴黑色，基部宽厚而平扁，尖端扩大成铲状。

这个问题，只好等到雏鸟出世的时候，我们再回答了。

悦读链接

❧ 蜜蜂筑巢 ❧

蜜蜂的腹部有四对蜡腺，能分泌蜡质，这种蜡质遇空气凝结成蜡鳞，便成为蜜蜂筑巢的原料。一群蜜蜂就是一边分泌蜡质，一边做巢的。蜂巢里面的小室开口都是六边形的，另一端则是封闭的六角棱锥体的底，由三个相同的菱形组成，既节省空间又节省材料。

18世纪早期的法国科学家马拉尔奇，曾特地测量过大量蜂巢的尺寸，得到了一个令他感到十分惊讶的数据：这些蜂巢组成底端的菱形的所有钝角都是109° 28′，所有的锐角都是70° 32′。后来，法国数学家克尼格和苏格兰数学家马克洛林通过计算得知，如果要制成相同大小的菱形容器，使用最少的材料正是这个角度。从某种意义上讲，蜜蜂可以说是"天才的数学家兼设计师"。

悦读必考

1. 比较字形并组词。

徙（　　　） 蠹（　　　　）

徒（　　　） 蠢（　　　　）

2. 谁的孩子还没有出世就交给别人抚养了？

_____

3.观察麻雀的巢，说一说它有什么特点。

_____

_____

_____

森林大事典

夺来的新家

狐狸家出事啦！天花板塌下来，差点儿把一窝小狐狸全都给压死了！这下子，非得搬家不可了！

可是,找个合适的家并不那么容易。狐狸琢磨了一圈,最后跑到了獾的家。

獾是个出色的建筑师,它的家建在土坡下。这个家可是獾辛辛苦苦挖出来的。出口东一个西一个,岔道横一条竖一条。这都是为了防备敌人来袭时逃生用的。最主要的是,这个家很大,完全可以住下两个家庭!

狐狸请求獾分一间屋子给它住,却被獾一口回绝了。你想啊,獾可是个细心的当家人,爱干净、爱整齐,脏一点儿它都受不了,又怎么能让一个带着许多孩子的家庭住进来呢?

于是,獾把狐狸撵了出去。

狐狸生气了:"好啊,竟然这样对我,等着瞧吧!"

它假装朝树林走去,其实却偷偷地躲到了灌木丛中,盯着獾的门口。

过了好一会儿,獾从洞里探出头,四下张望了许久,确定狐狸走了,这才从洞里钻出来,到树林里去找蜗牛吃。

狐狸趁机跑进獾洞,把屋子里弄得乱七八糟,又在地上拉了一堆屎,这才溜之大吉。

獾吃饱了,回到家一看:好家伙!怎么这么臭!它气得头顶冒烟,哼唧了好一会儿,才离开家,到别的地方为自己建造新家去了。

这正是狐狸求之不得的。它立刻把小狐狸们都衔过来,狐狸一家舒舒服服地在獾洞里住了下来!

乱七八糟

形容毫无秩序及条理,乱糟糟的样子。

求之不得

想找都找不到。原指急切企求,但不能得到。后多形容迫切希望得到。

有趣的植物

池塘里长满了浮萍，很多人管它们叫苔草。其实，苔草是苔草，浮萍是浮萍。

浮萍是一种非常有趣的植物：细小的根、浮在水面上的绿色小圆片、圆片上布满小凸起，和我们见到的很多植物都不一样。

这些小凸起就是浮萍的枝，形状像一个个小烧饼。浮萍没有叶子，有时会开几朵花，但只是有时候，更多的时候它是不开花的。因为浮萍用不着开花，它繁殖起来又快又简便：只要从茎上脱下来一段小烧饼似的枝，它就能由一棵浮萍变成两棵了！

浮萍
水面浮生植物，常生长在水田、池沼等水域。其繁殖能力很强，可以靠种子繁殖，也可以分枝繁殖。

会变魔术的花

绛红色的矢车菊开花了！一看见它，我就想起伏牛花来，因为它们俩有个相同的本事：变魔术！

矢车菊的花构造很复杂，是由许多小花组成的花序。上面那些蓬松的、好像犄角似的漂亮小花，都是些不结子的无实花。至于真正的花，是那些长在当中的绛红色的细管子。在这些细管子里，都有一根雄蕊和会变魔术的雌蕊。

你只要轻轻地碰一下那些细管子，它们就会歪向一旁，并且从管壁上的小孔里冒出一些花粉。过一会儿，

犄角
（口语）角，牛、羊、鹿等头上长出的坚硬的东西，一般细长而弯曲，上端较尖；兽角。

你要是再碰它一下，它又会一歪，再冒出一些花粉来！

瞧，这魔术多有趣啊！

不过，这些花粉可不是白白糟蹋的。每当有昆虫向它要花粉，它就会给一点儿。拿去吃也行，沾在身上也行，只要多少带一点儿到另外一朵矢车菊上去就成了！

神秘大盗

人心惶惶

人们的内心惊恐不安。惶惶，惊恐不安。

森林里出现了一个神秘的夜行大盗，闹得居民们人心惶惶的。

最早受难的是兔子家。一连几个晚上，每天都会有小兔子失踪。

一到夜里，那些小鹿呀、松鸡呀、松鼠呀，全都惶惶不安地缩在窝里，动也不敢动，一副大难临头的样子。

最糟糕的是，不论是灌木丛里的鸟儿，还是树上的松鼠，或是地下的老鼠，谁也不知道强盗会从哪里窜出来。这个可怕的凶手，每次都是冷不防地出现在不同的地方。有时是草丛里，有时是灌木丛中，有时是树上，简直神出鬼没！好像凶手并不是一个，而是一大群！

神出鬼没

像神鬼那样出没无常。形容出没无常，不可捉摸。后泛指行动变化迅速。

第二个遭到袭击的是獐鹿家。几天前的一个晚上，獐鹿爸爸和獐鹿妈妈带着两个孩子到森林里找吃的。獐鹿爸爸站在距离灌木丛几步远的地方放哨，獐鹿妈妈领着两个孩子在空地上吃草。

突然，一个黑影儿从灌木丛中窜出来，一下子跳到了獐鹿爸爸的背上！獐鹿爸爸倒下去了，獐鹿妈妈带着两个孩子没命地逃进森林里。

第二天早上，獐鹿妈妈带着几个同伴去空地察看，发现獐鹿爸爸只剩下了两只犄角和四个蹄子。

昨天夜里，麋鹿成了第三个受害者。当时，它正穿过草木丛生的密林，忽然看见一根树枝上好像有个奇形怪状的大木瘤。

麋鹿是森林里的大汉，看到它那对长长的大犄角，就是熊也会退避三舍的。所以，它并没有觉得有什么奇怪，反倒走过去，扬起头想看个仔细。就在这时，一个可怕的、足足有 300 千克重的东西一下子跳到了它的脖子上！

退避三舍

主动退让九十里。比喻退让和回避，避免冲突。舍，古时行军计程以三十里为一舍。

麋鹿吓了一大跳，使劲儿晃动脑袋，把那个东西从背上甩了下去。然后它撒开蹄子逃出森林，连头也没敢回。不过，这样一来，它就也没有搞清楚，这个袭击它的家伙到底是谁。

我们这片树林里没有狼。就是有，也不会上树啊！熊呢，现在正躲在密林深处，懒得动弹呢！再说，熊也不会从树上跳到麋鹿的脖子上去啊！

今天夜里，凶手又出现了，被害者是松鼠。这次，凶手在树底下留下了很多脚印。我们仔细观察了那些脚印，这才知道，凶手原来是我们北方森林里有名的"豹子"，也就是素有"林中大猫"之称的猞猁。不久之前害死雄獐鹿的是它，闹得整个林子惶惶不安的也是它。

现在，小猞猁们已经长大了，它们在妈妈的带领下，满林子乱窜，捕捉猎物。这些可怕的家伙，就是在夜里也能看得和白天一样清楚。所以，森林里的住户们，谁要是在睡觉前没好好地躲起来，那可就要遭殃了！

遭殃

遭遇困难，遇到麻烦。

勇敢的鱼爸爸

你还记得雄棘鱼建在水底的巢吗？

现在，巢已经建好了，雄棘鱼迎来了它的第一位太太。可是，棘鱼太太从这边的门进去，产下鱼子后，便从另一边的门游出去了。

雄棘鱼又找来了第二位鱼太太。之后，又找了第三位……可是，到最后，这些棘鱼太太统统跑掉了，只留下很多鱼子给雄棘鱼照看。

现在，家里只剩下了雄棘鱼和满屋子的鱼子。河里有许多爱吃鱼子的坏家伙。可怜的雄棘鱼，它的个子那么小，却不得不使出浑身解数保护自己的巢，让它不受那些残暴的水中恶魔的侵犯。

就在不久以前，一条贪吃的鲈鱼闯进了雄棘鱼的家。雄棘鱼立刻勇敢地冲上去，和这个大块头斗在一起！

雄棘鱼的身上长着5根刺——背上3根，肚子上2根。这会儿，它把5根刺都竖了起来，对着鲈鱼的鳃刺了下去！原来，鲈鱼的全身都披着铠甲一样的鱼鳞，只有鳃部什么遮盖也没有，容易攻击。

这下子可把鲈鱼吓坏了，它赶紧摇摇尾巴逃掉了！

蛋哪儿去了

我们的通讯员找到了一个鸥夜莺的巢，巢里有两个蛋。雌鸥夜莺发现有人走了过来，立即扑扇着翅膀从巢里飞了出去。

我们的通讯员并没有动它的巢，只是把这个巢所在

浑身解数

指所有的本领，全部的技术手段。浑身：全身，指所有的。解数：解决困难的招数，可指武艺或所有的本领、手段。

铠甲

古代将士穿在身上的防护装具。

021

的地点详细地记了下来。

一个小时后，通讯员又回到巢那儿，却意外地发现巢里的蛋不见了！

它们哪儿去了？直到两天后，我们才弄明白：原来，雌鸥夜莺担心有人捣毁它的巢，所以把蛋衔到别的地方去了！

养蜥蜴

我在一个大树桩旁捉了一只蜥蜴带回家。我找来一个玻璃罐子，在里面铺上沙土和石子，将这只蜥蜴养了起来。我每天都会给它换水、换草，还捉来一些苍蝇、甲虫、蛆虫、蜗牛什么的喂它。它最喜欢吃的是生长在甘蓝丛里的那种白蛾子。每当看到我拿着白蛾子过来，它就会立刻跳起来，张开大嘴，吐出分叉的小舌头，一口便将白蛾子卷进嘴里。那样子，就像小狗看见了骨头。

一天早晨，我在小石子间的沙土里找到了十来个长圆形的蛋，蛋壳又薄又软，白得透明。啊，是蜥蜴蛋！一个多月后，小白蛋破了，从里面钻出来十多只动作敏捷的小蜥蜴，样子和它们的妈妈一模一样！

现在，这一家老小全都爬到小石子上，懒洋洋地晒太阳呢！

拔刀相助

一大早，玛莎就醒来了！她急急忙忙地套了件衣服，提起小篮子，向树林跑去。

在树林里的小土坡上，长着许多草莓果。不一会儿，玛莎就采了满满的一篮子。她提着篮子，蹦蹦跳跳地朝家里跑去。光着的双脚踩在被露水打湿的草墩子上，怪舒服的！玛莎不禁跳起来。突然，她脚下一滑，立刻痛得大叫！她低头一看，脚不知道被什么东西戳破了，正滴着血！

玛莎一屁股坐到草墩子上，一边哭一边拿衣服擦着脚上的血。在她旁边的草丛中，一只刺猬蜷成一团，正在休息。

突然，旁边的草丛又窸窸窣窣地响起来，一条背上长着锯齿形条纹的灰蛇从里面爬了出来。这是一条有毒的蝰蛇！玛莎吓得腿都软了，动都不能动！眼看这条蛇越爬越近，已经能看见它那条叉子似的舌头了！

就在这时，那只刺猬突然挺直身子，扑向蝰蛇。蝰蛇抬起上半身，扬起鞭子似的尾巴向刺猬抽去！刺猬竖起身上的刺迎了上去！蝰蛇一下子抽在这个"大刺球"上，咝咝地狂叫起来，转身想逃，可是，刺猬一个猛扑，扑到了蝰蛇身上，一口咬住了它的脑袋！

这时，玛莎才清醒过来。她急忙站起来，跑回家去了。

窸窸窣窣

拟声词，形容摩擦等轻微细小的声音。

燕子的家

6月25日

好多天了，我眼见一对燕子在辛辛苦苦地衔泥做巢。在它们的努力下，那个巢一天天大了起来。每天一大早，它们就开始干活了。中午休息两三个小时，然后再接着干，一直忙到太阳落山。

有时候，也有别的燕子来拜访它们。如果那时房顶上没有猫，这些小客人就会在梁木上待一会儿，叽叽喳喳地谈会儿话。

这个巢的形状像个下弦月，两头尖尖的，只是右半边要比左半边短上一块。为什么会这样子呢？观察了几天，我终于明白了。原来，这个巢是雄燕子和雌燕子一起建造的，可它俩的干劲儿却不一样。雌燕子干活很细心，飞去衔泥的次数也比雄燕子多得多。而雄燕子呢，常常一去几个钟头也不回来。所以，由雌燕子负责的左半边当然比雄燕子负责的右半边建得快了！

雄燕子真懒，也不知道害羞！要知道，它比雌燕子可是身强力壮得多呀！

身强力壮

形容身体强壮有力。

6月28日

燕子已经不再衔泥了，它们开始往巢里叼干草和绒毛。我真没想到，它们的建筑技巧竟然会这么高超！也直到这时候，我才明白燕子的巢原本就应该一边高，一边低，就像个缺了一角的泥圆球！因为它们要为自己留下进出的大门！原来，我冤枉雄燕子了！

6月30日

巢做好了，雌燕子已经好几天没出门了。我猜，它一定产下第一个蛋了。雄燕子忙碌起来，不时衔些小虫回来。

第一批客人——那群燕子又飞来了。它们挨个儿从巢旁边飞过，朝里面张望。而女主人也将它那张幸福的小脸探出门外，接受客人们的祝福。

猫常爬上屋顶，从梁木上往屋檐下张望。它是不是也在焦急地等待小燕子出世呢？

盘旋

指大致呈圆形地运
动，也可指迂回
绕圈儿。沿着螺旋
轨道运动；旋绕
飞行。

7 月 13 日

两个星期以来，雌燕子一直待在窝里。只有中午的
时候，它才飞出来一小会儿，在屋顶上打几个盘旋，捉
几只苍蝇吃。然后它飞到池塘边，低低地掠过水面，找
点儿水喝。喝够了，它再飞回巢里。

可是今天，我却看到雌燕子和雄燕子夫妻两个一起
忙忙碌碌地在巢里飞进飞出。有一次，我看见雌燕子嘴
里叼着一条小虫，而雄燕子嘴里则叼着一块白色的甲壳。
看这样子，一定是小燕子已经出生了。

7 月 20 日

不得了了！猫爬上屋顶，从梁木上倒挂下来，把爪
子伸进了燕子巢里！就在这节骨眼儿，不知从哪儿飞来
一大群燕子。它们大叫着，朝着猫扑了过去！猫也生气了，

节骨眼儿

指情节发展的紧要
关头，如矛盾的
转折点。比喻紧要
的、能起决定作用
的环节或时机。

伸出爪子，抓向一只燕子……

太好了！这家伙抓了个空——"扑
通"一声，从梁木上摔了下去！这下
子可够它受的了！看它以后还

敢不敢来吓唬小燕子！

小燕雀和它的妈妈

我家的院子里，绿树成荫，花草茂盛。

绿树成荫
形容树木枝叶茂密，遮蔽了阳光。

这一天，我正在院子里散步。突然，从我的脚下飞出来一只小燕雀。它的脑袋上长着两撮绒毛，刚飞起来便又落了下去。

我走过去，捉住它带回了屋里。爸爸让我把它放到敞开的窗台上。

过了不到一个小时，小燕雀的爸爸妈妈就飞来喂它了。就这样，小燕雀在我家住了一天。晚上，我关上窗户，把它放到了笼子里。

第二天早上 5 点钟，我就醒来了。我看见小燕雀的妈妈蹲在窗台上，嘴里还叼着一只苍蝇。我跳起来，打开窗子。燕雀妈妈一个转身就飞走了。于是，我便躲到了角落里偷偷观察。

不一会儿，燕雀妈妈又飞回来了。看到妈妈，小燕雀叽叽喳喳地叫了起来。燕雀妈妈又等了一会儿，见没有动静，这才放心地飞进屋子，隔着笼子将苍蝇喂给小燕雀吃。

后来，当它又去找食物的时候，我打开笼子，将小燕雀放到了院子里。

等我再想起看看小燕雀的时候，它已经不在那里

了——燕雀妈妈已经把它带走了。

可怕的梦

　　一位少年自然科学家准备在他的班级里作个报告，题目是《森林和田园里的害虫，该怎么和它们斗争》。

　　他读到了这样两段资料：为了用机械和化学方法同甲虫作斗争，水泵的经费超过了 13700 万卢布。为了和昆虫作战，每一公顷土地上要耗费 20 ~ 25 个人的劳动力……

　　看了一会儿，少年自然科学家觉得头开始发晕。不行了，还是先睡一会儿吧。

噩梦
可怕的梦。

　　然而，躺下后，还是一连串的噩梦。没完没了的甲虫、青虫和它们的幼虫，从森林里爬出来，涌到了田野上，把田野给团团围住了！他用手掐、用药水浇，可那些害虫一点儿也不见减少。它们源源不断地涌过来，所经过

的地方，全都变成了荒漠……少年自然科学家一下子惊醒了。

于是，在自己的报告里，少年自然科学家提出了这样一个建议：在鸟节那天，大家要做好多好多的椋鸟房、山雀屋和树洞形鸟巢，让鸟儿们舒舒服服地住下来。因为，鸟儿捉虫的本领比人可要大得多！而且它们还不拿工资，白干活儿哩！

枪打蚊子

国立达尔文禁猎禁伐区，坐落在一个半岛上。那里曾经是一片森林，因此有很多蚊子。

这些小吸血鬼钻到科学家们的实验室、餐厅和卧室里，闹得大家饭也吃不好、觉也睡不好。于是，一到晚上，就听到每个房间里都传来霰弹枪的声音。

当然，枪筒里装的不是霰弹，而是蚊子药。科学家们将少量普通的火药装在带引信的弹壳里，然后再填满杀虫粉，最后塞上填弹塞就行了。

引信
又称信管。装在炮弹、炸弹、地雷等上面的一种引爆装置。

这样，一开枪，杀虫粉就像一阵阵细细的灰尘，布满整个屋子，钻进所有的缝隙。不管哪儿有虫子，都会被杀死的。

大象飞上天

天上飘来一片乌云，黑压压的，就像一头大象。你看，

它不时地把那长长的鼻子拖到地上，扬起一片尘土。那尘土就像是一根柱子，旋转着，旋转着，越来越大，逐渐和天上的大象鼻子连在一起，成了一根上顶天、下接地的巨大的柱子。接着，大象把这根大柱子搂到怀里，又向前跑去了。

它来到一座小城的上空，停在那里不走了。忽然，从它的身上洒下了大大的雨点儿！好大的雨啊！人们撑起伞，只听伞顶上乒乒乓乓地响了起来。你猜猜，什么雨点儿这么响呢？原来是蝌蚪、小青蛙和小鱼！它们落在大街上的水洼里，乱蹦乱跳起来。

后来，人们才弄明白，这片大象一样的乌云，靠着龙卷风的帮助，从森林的一个小湖里吸起了大量的水，连同水里的蝌蚪、青蛙和小鱼都吸了上来，然后带着它们在天上跑了好久，才在这个小城市把它们放下来，自己又继续向前跑去了。

悦读链接

❧ 猞 猁 ❧

猞猁是猫科动物，体型像猫，但是远大于猫，身体粗壮，最明显的外部特征有两个：一个是尾巴非常短，一般还不到躯干长度的四分之一；另一个是耳尖生有黑色耸立簇毛。

猞猁是喜寒动物，分布范围很广，从亚寒带针叶林、寒温带针阔混交林到高寒草甸、高寒草原、高寒灌丛草原及高寒荒漠与半荒漠都可以找到它们的踪影。但是，在南半球基本上找不到野生猞猁。

猞猁是"独行杀手"，以鼠类、野兔等为食，也捕猎麝、狍子和鹿的幼崽等。捕猎时，猞猁常埋伏在草丛、灌木、石头后面，待猎物走近时，出其不意地发动袭击。

悦读必考

1. 将合适的词语填到句中的横线上。

A. 安之若素　　B. 操之过急　　C. 溜之大吉　　D. 求之不得

（1）它们似乎经常在你最需要它们的时候_____。

（2）一些认为美国已不再是世界经济领头羊的看法还是_____。

（3）上海的苹果旗舰店开业后一年的时间，苹果就有了一个让其他零售商_____的问题：那个巨大的，16000平方英尺的地方已经太局促了。

（4）最开始时此书的流行令作者本人和出版商都大吃一惊，但或许作

者已经可以对最近的销量飙升_____了。

2. 蝌蚪、小青蛙和小鱼为什么从天而降？

_____

_____

3. 写一个星期的日记，在周末的时候看看自己这一周都做了些什么。

_____

_____

钩钩不落空

钓鱼看天气

夏天，刮大风下暴雨的时候，鱼儿会游到避风的地方去，像深坑呀、草丛呀、芦苇丛呀。如果一连几天天气都不见好转，那么，所有的鱼儿都会游到最僻静的地方，无精打采地待在那里，即使你给它们鱼食吃，它们也高兴不起来。

天热时，鱼儿喜欢去凉快的地方。所以，在夏天，只有早晨或傍晚，才是钓鱼的好时机。

夏季干旱的时候，水位会降低。那时，鱼儿就会躲到深坑里。但是，深坑里的食物根本不够它们吃！所以，

僻静

人迹罕至；安静。

无精打采

形容精神不振，提不起劲头。采，兴致。

这个时候，你要是找到它们的藏身之处，而恰巧又带了足够的鱼饵，那你一定会大获丰收！

最好的鱼饵是麻油饼，把它放在平底锅里煎一下，然后捣碎，和煮烂的麦粒、豆子和在一起，或者撒在荞麦粥或燕麦粥里。这样，鱼饵就会散发出新鲜的麻油味。鲫鱼、鲤鱼和许多别的鱼，都喜欢这种气味。

一个成熟的钓鱼人，总能够根据云彩、日出、夜雾或是露水来预测天气的变化，从而钓到自己想钓的鱼。

捕捉小龙虾

5月到8月，是捉小龙虾最好的月份，但你必须了解它们的生活习惯才行。

小虾是由虾子孵化出来的。一只雌虾可以生下100多粒虾子。这些虾子要在妈妈的肚子里待上一个冬天才出来。而直到初夏，它们才会裂开，孵出蚂蚁般大小的小虾。

孵化
昆虫、鱼类、鸟类或爬行动物的卵在一定的温度和其他条件下变成幼虫或幼体。

小龙虾在生下来的第一年，要换八次壳。等到成年后，一年换一次就够了。每一次脱掉旧甲壳后，小龙虾便会躲进深深的洞里，直到新甲壳长硬了才敢出来。因为许多鱼都爱吃脱了壳的小龙虾。

小龙虾是地地道道的夜游神。但是，如果让它们感受到猎物的存在，那就是顶着大太阳，它们也会从洞里钻出来，捕捉猎物。水里的小鱼、小虫都是小龙虾的食

物。不过，它们最爱吃的是腐肉。即使在水底，隔着很远，它们也能闻到腐肉的气味。于是，捉小龙虾的人就利用这种饵食——一小块臭肉、死鱼、死青蛙什么的，来捉小龙虾了。

先把饵食系在虾网上，虾网则绷在两个直径 30 ~ 40 厘米的木箍上。人站在岸上，把虾网浸到水里，很快就会有小龙虾钻进去的。

如果你随身带着一口小锅，还有葱、姜和盐，你可以立即在岸边烧上一锅水，把作料和小龙虾一起放进锅里煮。

在夏夜里，伴随着满天星斗，坐在小河边的篝火旁煮美味的虾吃，是多么惬意的事啊！

悦读链接

∽ 用假鱼钓真鱼 ∽

除了用香喷喷的饵食钓鱼之外，我们还可以用假鱼来钓真鱼。除了金属片做的假鱼，我们还需要准备好一根足够结实的长绳子（约有50米长）和一条用钢丝或牛筋做的系鱼钩的线。

一些比较凶猛的鱼，像鲈鱼、梭鱼、刺鱼，发现假鱼在自己上方游过，就会以为是真鱼，朝它扑过去并一口吞下。这时，绳子被扯动，钓鱼人感到有鱼上钩了，就慢慢拉过绳子。用这种方法钓到的鱼，往往是大鱼。

注意到上面所说的"游动"没有？对了，用假鱼钓真鱼的时候，我们不能再像一般的钓鱼人那样蹲坐在水边垂钓，而是应该一边乘船一边钓鱼，让假鱼在水中游动起来。

用假鱼钓真鱼，要沿着陡岸划船，或是去水深而平静的、水流平缓的地方划船，要躲开石滩、浅滩，或者在石滩、浅滩的上游或下游。用这种方式钓鱼的时候，要慢慢地划船，尤其在风平浪静的日子里，因为即便隔得老远，只要有船桨轻轻触碰水面的声音，鱼儿就能听得见。

悦读必考

1. 改正错别字。

　无精打彩　　弄巧成绌　　穷困缭倒

_____

2. 猜谜语。

　（1）胡子一大把，整天只知道拔草。

　谜底：（　　　　）

　（2）赶它，赶不走它；拉它，拉不出它。时间一到，自己走啦。

　谜底：（　　　　）

3. 你有什么独特的技艺吗？用说明文的形式把你的技艺写下来。

_____

_____

_____

农庄新闻

在集体农庄里

集体农庄的庄员们正在忙着割草。割草机轰隆隆地响着，一片片芬芳多汁的牧草，在它的身后倒了下去。

菜园里，孩子们正在拔葱。那些绿油油的葱，已经长得很高了。

向阳的山坡上，草莓都熟了。林子里，黑莓和覆盆子也快熟了。在这样一个季节，你喜欢吃什么样的浆果，就采吧。

牧草的抱怨

牧草抱怨说：集体农庄的庄员们都在欺负它们。

原来，牧草正准备开花。可是，突然来了一批割草的人，把所有

的牧草都齐根割了下来。现在，它们开不成花了，只能一个劲儿地生长。

我们的通讯员仔细分析了一下，终于搞明白了。庄员们之所以把牧草割下来，是给牲口贮备冬天的粮食。他们这样做是没错的。

贮备
贮存、备用，对象多为粮食等重要物资。

喷洒魔术药水

这是一种奇妙的药水。喷到杂草身上，杂草就死了。可要是喷到谷物身上，谷物却依旧精神百倍地站在那里。不但如此，有了这些药水，谷物的生活变得更好了，因为它们的敌人——杂草，全都被消灭了！

受伤的小猪

脊背
人或其他脊椎动物的背部。

在共青团员集体农庄里，有两只小猪在散步的时候，被阳光灼伤了脊背，人们马上请来了兽医为它们诊治。兽医告诉大家：在炎热的时候，应该禁止小猪出去散步，

连和猪妈妈一起去都不行。

迷路的客人

河岸集体农庄来了两位避暑的女客人。不久前的一天，她们突然失踪了！人们找了很久，最后在距离河岸集体农庄 3 千米外的一个干草垛上找到了她们。

原来，这两个客人迷路了，情况是这样的：早上，她们经过一片淡蓝色的亚麻田，到河里去洗澡。可中午回家的时候，那片淡蓝色的亚麻田却怎么也找不到了，以至于她们迷失了方向。

迷失

弄不清（方向）；走错（道路）。

她们并不知道，亚麻早晨开花，中午就谢了。因此，中午的时候，亚麻田已经从淡蓝色变成了绿色。

母鸡去疗养

今天早晨，集体农庄的母鸡们坐上汽车，到疗养地去了。

母鸡们的疗养地不在海边，也不在山区，而是在收割过的田地里。现在，麦子割完了，只剩下了散碎的麦秆和落在地上的麦粒。为了不使这些麦粒被白白糟

蹋，所以人们把母鸡们送过来疗养。它们直到把这里的
最后一颗麦粒啄干净，才能离开。

绵羊妈妈着急了

现在，绵羊妈妈们非常着急，因为它们的孩子都被
人领走了。不过，总不能让三四个月大的小羊还跟在妈
妈身边转吧？它们已经长大了，应该独立生活了。

准备动身

浆果熟了。现在，它们该从集体农庄和国营农场动身，
前往城里去了。

醋栗最不怕走远路，它说："没关系，我支撑得住。
我还没完全熟透，还硬着呢。"

可树莓就不行了，它沮丧地说："你们还是把我留在
这儿吧。我最怕颠簸了。只要一颠，我就会变成一堆糊
涂糨子了。"

颠簸

上下震荡。

混乱的"餐厅"

在五一集体农庄的池塘里立着好几块木牌，上面写
着"鱼的餐厅"。

每天早晨，木牌周围的水就像开了锅似的——所有
的鱼儿都聚集在这里，等着开饭。鱼儿们是从来也不守
秩序的。它们你挤我，我挤你，乱作一团。

7点钟，厨房的人划着小船给鱼儿们送饭来了。饭菜的花样可真多！有煮马铃薯、用杂草籽做的团子、晒干的小金虫和许多别的好吃的！

少年自然科学家的讲述

在我们集体农庄，有一小片橡树林。以前，很少有杜鹃会来到这里。最多也就是一两只，叫几声就不知所踪了。可今年夏天，我却经常听到杜鹃的叫声："不如——归去！"究竟是怎么回事呢？

那天，农庄的庄员们把牛赶到这片橡树林里去放牧，我这才知道了原因。

事情是这样的：那天中午，牧童忽然跑过来，喊道："不好了，牛发疯了！"我们一听，赶紧朝树林跑去！到那儿一看，好家伙！真吓人！只见牛儿

不知所踪

不知去向，不知道哪里去了。踪，足迹。

们又跑又窜，还不时地伸出尾巴抽打着自己的脊背！真像发了疯一样！

到底出什么事了？经过观察，我们这才知道，是毛毛虫惹的祸。一条条咖啡色的毛毛虫，爬满了整片橡树林。有的树枝已经光秃秃的了，树叶全都被它们吃光了！可是，那些到处乱飞的又是什么？哦，是杜鹃！我从来没见过这么多的杜鹃！除了它们，还有松鸦、黄鹂，好像周围的鸟儿全都飞到了这片橡树林里！

结果怎么样呢？过了不到一个星期，所有的毛毛虫都被鸟儿们吃光了！这些鸟儿真是好样的，要是没有它们，我们这片橡树林可能就会消失了！

光秃秃
形容没有草木、树叶、毛发等盖着。

悦读链接

猪真的很笨吗

说起猪，我们大家马上就会想到猪八戒，觉得猪又笨又蠢。现实中的猪真的很笨吗？

生物学家达尔文曾经说过，和狗相比，猪的智力并不在狗之下。英国剑桥大学做过相关的实验，实验结果表明，在大多数情况下，猪的表现比狗更为机智。科学家们认为，和其他的家畜不一样，猪在解答问题之前是经过思考的。如果对猪加以训练的话，它们能够学会狗可以做的几乎所有技巧，并且猪所需的训练时间比狗通常要短一些。科学家曾把狗和猪放在不同的冷室里，分别教它们如何打开暖气，猪仅仅一分钟就能学会这个动作，但是狗

却用了两分钟。

另外，猪的嗅觉非常灵敏，经过特别训练之后，即使远在30米之外，猪也能够嗅到野禽的所在。并且猪能够帮助特警们找出埋在地下的地雷，嗅出隐藏隐秘的毒品。

猪给人的印象除了笨之外，还有脏。其实猪本身并不脏，而是和它们的生活环境有关。即使是人类饲养的猪，它们自己会在圈中划出一块地方来作为"厕所"，大小便都是在这个固定区域。猪的身体表面存在的汗腺很少，调节体温的能力比较差，所以在天气炎热时，猪总喜欢将身体泡在水中，以此来帮助散发体内的热量。但是它们的生活环境里很少会有干净的水，所以只能泡在脏水或泥水里。这也说明了猪其实是比较聪明的。

悦读必考

1. 给下列加点字注音。

( ) ( ) ( ) ( )

抱怨　　　　脊背　　　　疗养　　　　颠簸

2. 母鸡坐着汽车要去什么地方疗养？

_____

_____

3. 亚麻早晨开花，中午就谢了。你还知道哪些类似这样花期很短的植物？

_____

_____

狩 猎

菜园里的捣蛋鬼

夏天，与其说是打猎，不如说是打仗。这个时候，人类有很多仇敌。比如说，你开辟了一个菜园，种了些蔬菜。可是，你能不能保证你的菜园不受侵害呢？

用竹竿竖起个稻草人立在那里，是解决不了问题的。它只能帮你对付那些麻雀和其他的鸟。可是，菜园里有这样一批敌人，别说是稻草人，就是带枪的人也吓唬不了它们。它们的个头儿虽然小，调皮捣蛋的本事却比很多敌人还要大得多。这个时候，你只能擦亮眼睛，时刻提防着它们。

蹦蹦跳跳的敌人

蔬菜上出现了一种小黑甲虫，背上生着两条白色的条纹，像跳蚤似的在菜叶子上一跳一跳的。它们的名字叫跳甲。这下可坏了，菜园要遭殃了！

跳甲可以说是菜园最可怕的敌人。两三天的工夫，它们就可以把几公顷的大菜园全部毁掉！

公顷

地积单位，1公顷等于1万平方米，合15市亩。

更可怕的敌人

还有一种敌人比跳甲还要可怕，它们就是蛾蝶。它们总是偷偷地将卵产在菜叶上。不久，卵就会变成青虫，啃食菜叶和菜茎。

蛾蝶的种类很多，有些是白天出现的。比如大菜粉蝶（这种蝶很大，白色的翅膀上长着黑色的斑点）和萝卜粉蝶（颜色和大菜粉蝶差不多，但个头儿要小一点儿）。有些是夜里出现的。比如甘蓝螟（身子小小的，前半部分黄得像赭石）、甘蓝夜蛾（全身毛茸茸的，呈棕灰色）和菜蛾（颜色为浅灰色，样子很像织网夜蛾）等。

和这些蛾蝶作战，不需要武器，只需动手就行。你只要找到它们的卵，用手把卵捏碎就行了。另外还有一个办法——往菜上撒一些炉灰、烟末或者熟石灰。用这种方法也可以消灭跳甲。

还有一种敌人，比上面说的那些敌人都要可怕，因为它们是直接向人进攻的。这就是蚊子。

在那些不流动的死水里，有许多身上生有绒毛的小软体虫游来游去。还有许多小得几乎看不见的、头上长着小角的蛹。它们就是蚊子的幼虫——孑孓和蚊子的蛹。

赭石

矿物，主要成分是三氧化二铁。通常呈暗棕色，也有土黄色或红色的，主要用作颜料。

两种蚊子

有两种蚊子。第一种蚊子，人被它叮上一口，只觉

得有点儿痒，被咬的地方会起个红疙瘩。这种是普通的蚊子，并不可怕。

还有一种蚊子，人被它叮了，就会得"沼泽热"，也就是科学家所说的疟疾。患了这种病的人，一会儿冷得要死，一会儿又热得要命。这种蚊子的学名叫做疟蚊。

这两种蚊子，从外表看长得差不多，只是在雌疟蚊的吸吻旁，还长着一对触须。雌疟蚊的吸吻上带有病菌，它们叮人的时候，病菌就会进入到人的血液中，破坏血球，人也就害起病来了。

这个现象是科学家用极精密的显微镜，研究了疟蚊的血液后才得知的。否则，仅用肉眼是什么也观察不到的。

疟疾
急性传染病，病原体是疟原虫，由蚊子传播，周期性发作。症状是发冷发热、然后大量出汗、头痛、口渴、全身无力。

消灭蚊子

当蚊子还是孑孓的时候，科学家就开始和它们作斗争了。

请你拿一只玻璃瓶，从沼泽地里舀一瓶带有孑孓的水，然后再滴一滴煤油在水里。你会发现，煤油在水里慢慢化开，孑孓开始像小蛇似的扭动身子，一会儿沉到

孑孓
蚊子的幼虫，是蚊子的卵在水中孵化出来的，体细长，游动时身体一屈一伸。

水底，一会儿又飞快地浮到水面。孑孓用尾巴，蛹用小角，想冲破那层煤油薄膜。可是，煤油已经将水面封住了，没有留下一点儿缝隙。在密封的煤油下面，孑孓呼吸不到空气，全都被闷死了。人们就是用这种方法和蚊子作斗争的。

在沼泽地区，一个月往死水里倒一次煤油，就足以使那里所有的蚊子都断子绝孙了！

稀罕事

集体农庄发生了一件稀罕事。

一个牧童从林边牧场跑过来，边跑边喊："不得了啦，小牛被野兽咬死了！"

稀罕

稀奇，少有。罕，稀少。

集体农庄的庄员们惊叫起来，那些挤奶女工有的甚至大哭起来。因为被咬死的是我们这儿顶好的一头小牛，在农业展览会上还得过奖呢！

于是，大家都扔下手边的活儿，往林边牧场跑去。

那头小牛躺在一个偏僻的角落里，已经断气了。它的乳

房被咬掉了，脖子靠后的地方也被咬破了。除了这两处，别的地方倒没有什么伤口。

"是熊咬的。"猎人谢尔盖说，"熊总是这样——先把猎物咬死，然后就离开。等肉臭了再来吃。"

话茬
话头。

"一点儿也不错。"猎人安德烈接过话茬儿，"这是毫无疑问的。"

"好了，大伙儿先散一散吧。"谢尔盖说，"过会儿我们在这棵树上搭个棚子。熊就是今天夜里不来，明天夜里也准会来。"

谢尔盖说这话的时候，我们这儿的另一个猎人——塞索伊奇也挤在人群里。

"塞索伊奇，跟咱们一块儿守着，怎么样？"谢尔盖和安德烈问道。

塞索伊奇没有吭声。他转到一边，蹲在地上仔细察看起来。

"不对，"他说，"熊不会到这里来的。"

"随便你怎么说吧。"谢尔盖和安德烈耸了耸肩膀。

北极犬
又名爱斯基摩犬，严寒地带既积极又勤奋的工作犬，机械化出现之前是生活在极地居民最重要的交通运输工具。

集体农庄的庄员们都散了，塞索伊奇也走了。谢尔盖和安德烈砍了一些小树枝，在附近的松树上搭了个棚子。这时，他们看到塞索伊奇又回来了，还带着猎枪和那只名叫小霞的北极犬。

他把小牛周围的土地又察看了一番，还仔细瞅了瞅周围那几棵树，然后便走进了树林。

那天晚上，谢尔盖和安德烈躲在棚子里守了整整一夜，什么也没等到。他们又守了一夜，还是什么也没来。第三夜，依然如此。

两个人有些着急了。"可能有什么线索，我们没注意到，可是塞索伊奇却看到了，所以他才说熊不会来。"谢尔盖说。

"我们去问问他，好不好？"安德烈说。

"问那只熊吗？"谢尔盖问。

"什么熊？是去问塞索伊奇。"

"只有这个办法了。"两个人说着，爬下大树，想去找塞索伊奇，却看到塞索伊奇正从林子里走出来。

"你说得对。熊真的没有来。究竟是怎么回事呢？我们倒要请教请教你。"谢尔盖对塞索伊奇说。

"你们有没有听说过这样的事情，"塞索伊奇反问道，"熊把牛咬死后，啃去乳房，却留下了牛肉。"

两个猎人你看看我，我看看你，回答不上来了。的确，熊是不会干这种荒唐事的。

"你们察看过地上的脚印吗？"塞索伊奇问他们。

"瞧过。脚印很大，差不多有20厘米宽。"

"那脚爪印有多大？"塞索伊奇又问。

这句话可把两个猎人问住了。

"脚爪印倒是没看到。"

"是啊。要是熊，一眼就可以看见脚爪印。"塞索伊

脚爪

（方言）动物的爪子。

奇说，"现在倒要请你们说说，有哪一种野兽走路的时候，是把脚爪缩起来的。"

"狼！"谢尔盖想也不想，便冲口而出。

塞索伊奇哼了一声："好个会识别脚印的猎人！"

"别瞎扯了！"安德烈对谢尔盖说，"狼的脚印和狗的脚印一样，只是大一点儿，窄一点儿。这是猞猁，猞猁走路的时候才缩起爪子，也只有猞猁的脚印才是圆圆的。"

"是啊！"塞索伊奇说，"咬死那只小牛的就是猞猁。"

"你是在开玩笑吧？"谢尔盖还是有些不敢相信。

"你自己看看吧。"塞索伊奇说着打开背包，里面是一张红褐色的大猞猁皮。

这样一来，大家都知道了，咬死小牛的凶手就是猞猁！至于塞索伊奇是怎样追上这只猞猁，又是怎样打死它的——除了他和猎狗小霞，恐怕没有人知道了。

可不管怎么说，猞猁会咬死牛，这种事还真是很少见！

悦读链接

❧ 猫科动物的爪 ❧

绝大多数猫科动物的爪子都有伸缩性，它们的爪子上有两对弹性韧带，连接末端趾节，可以将爪子缩入爪鞘内。它们行走时，将爪子缩回，避免磨损；速奔或捕猎时，才将爪子伸出增加摩擦力或者战斗力。这是猫科动物在进化中形成的一种种类结构特征。

也有少数猫科动物的爪子只有半伸缩性或者不能伸缩，例如猎豹。猎豹的属名"acinonyx"出自希腊文，在希腊文中的意思是"不动"和"爪子"，所以猎豹的属名直译就是"不动之爪"——虽然它的爪子可以进行半伸缩。仅从这一结构就可以看出猎豹的"原始"。

现存的猫科动物中，豹亚科动物比猫亚科动物的爪鞘发育更加完全，爪的伸缩本领也更高强。

除了猫科动物外，一些灵猫科动物也具有伸缩或者半伸缩的爪。

悦读必考

1. 辨析"子、孑、孓、孖"这四个字的写法，并把它们工整地抄写在下面的横线上。

2. 仿照下面的句子写一个句子，用上"与其……不如……"。

与其说是打猎，不如说是打仗。

3. 谁消灭了咬死牛的罪魁祸首？

_____

_____

_____

4. 观察猫和狗的爪子，看看有什么不同？

_____

_____

_____

无线电通报：呼叫东西南北

注意，注意！这里是《森林报》编辑部。今天是 6 月 22 日——夏至日，是一年当中白天最长、黑夜最短的一天。今天，我们要跟全国各地举行一次无线电通报！苔原！沙漠！森林！草原！山岳！都请注意！现在，请谈谈你们那里是什么情况。

这里是北冰洋群岛

你们说什么黑夜呀？我们根本忘记了什么是黑夜。在我们这儿，一天 24 个小时都是白天！太阳在天上，一会儿高一点儿，一会儿又低一点儿，根本不往海里落！像这样的日子差不多要持续 3 个月！

所以，在我们这里，草长得极快，就像童话故事讲的那样，不是一天一天地长，而是一小时一小时地长。就连苔原也苏醒了。

一大群一大群的蚊子，在苔原上空嗡嗡地飞着。可是，我们这里并没歼灭蚊子的飞将军——蝙蝠。你想啊，它们怎么能在我们这儿住得惯呢？它们只能在傍晚和夜里活动，可我们这儿哪有黑夜呀！

不单是蝙蝠，我们这儿的野兽也不多。只有旅鼠、白兔、北极狐和驯鹿。

不过，我们这里的鸟儿可多得数不清！虽然在背阴的地方还有积雪，但已经有大批的鸟儿飞来了。像角百灵、雪鹀、鹨鸰，还有鸥鸟、潜鸟、野鸭、鹬、雁……和其他许多各种各样的鸟儿。

到处都是叫声，那个热闹劲儿啊，就像到了鸟市场！

你一定会问：既然你们那儿没有黑夜，那鸟兽什么时候睡觉啊？

告诉你，它们几乎不睡觉——哪儿有工夫呀！那么多工作等着它们：筑巢、孵蛋、喂孩子，简直忙得不可开交。不过，等冬天到了就好了。冬天，它们可以睡足一年的觉。

这里是中亚细亚沙漠

我们这里正好相反——什么都睡着了。细长腿的金花鼠，用一个土疙瘩把洞口堵起来，不让阳光射进去。

苔原
又叫作冻原，主要指北极圈内以及温带、寒温带的高山树木线以上的一种以苔藓、地衣、多年生草类和耐寒小灌木构成的植被带。

背阴
阳光照不到的地方。

不可开交
（只用于否定）形容没法解开或无法摆脱。开交，结束、解决。

金花鼠
别称花栗鼠。一种背部有数条纵花纹的小型松鼠。

它待在黑漆漆的洞里，整天睡大觉，只有大清早才跑出来，为自己找点儿吃的。这会儿，它得跑很多冤枉路，才能找到一棵没有被晒干的小植物！

还有蜘蛛、蝎子、蜈蚣、蚂蚁，为了躲避毒辣的太阳，它们也是躲的躲，藏的藏。有的躲到了石头底下，有的藏到了背阴的土里，只有夜里才爬出来透口气。

为了离水源近些，鸟兽全都搬到了沙漠边缘，有的干脆飞走了。还待在这里的，只剩下了山鹑。它们可以飞过 100 千米，到最近的小河里喝个够，然后再装满一嗉囊，急急忙忙地飞回来喂它们的雏鸟。这样的路程，对它们来说并不算什么。但是，就是它们，等雏鸟长大了，也会离开这个可怕的地方。

嗉囊

鸟类食管的后段暂时贮存食物的膨大部分。鸟进食后，食物在嗉囊里经过软化，再进入胃中消化。

这里是乌苏里原始森林

我们这里，夜是黑黑的，白天也是黑黑的。因为这里全都是树木，有枞树、落叶松、云杉，还有爬满带刺的绿草和野葡萄藤的阔叶树！又宽又大的树冠结成一顶绿色的大帐篷，阳光根本照不进来。

不过，我们这里的动物可一点儿也不比列宁格勒少。驯鹿、棕熊、黑兔、灰狼，还有毛色素净的灰松鸦和漂亮的野雉、苏联灰雁和中国白雁、怪模怪样的鸳鸯、长嘴巴白脑袋的朱鹭……这会儿，雏鸟已经孵出来了，小兽也长大了。

素净
色彩淡雅，不浓艳。

这里是库班草原

我们这里已经进入了收获季节，大队的收割机不停地忙碌着。今年的收成好极了！这不，火车已经准备好了。不久，它们就会满载着玉米前往莫斯科和列宁格勒了。

在庄稼已经收割完的田地上空，兀鹰、游隼、大雕在不停地盘旋。现在，它们可以好好收拾一下那些打劫庄稼的强盗——老鼠、田鼠和金花鼠了！

收拾
指整顿、整理；整治、惩罚；打击、消灭。

在庄稼还没有收割的时候，这些家伙糟蹋了多少粮食呀，想想都觉得可怕！

这里是阿尔泰山脉

在我们这里，可以看到不同的气候。在低洼的盆地里，又闷热，又潮湿。早晨，在夏天的烈日下，露水一会儿就蒸发了。晚上，水蒸气上升，冷却后凝结成白云，漂浮在山顶。

山上的积雪在不停地消融，一股股雪水奔流着，汇集成一条条小溪，沿着山坡滚滚而下。在我们这儿的山上，可以说是应有尽有。山底下是大片大片的森林。那里聚集着大批松鸡、雷鸟，还有鹿和熊。往上是肥沃的高原草场，那是山绵羊、雪豹以及肥壮的旱獭的家园。再往上是长满苔藓和地衣的岩石，野山羊的家就在那儿。至于极高的山顶，常年冰天雪地，跟北极一样，永远是冬天。那里没有飞禽栖息，也没有走兽穴居。只有强悍的雕和兀鹰，偶尔去打个转儿，但很快便会离开。

这里是海洋

芬兰湾

波罗的海东部的大海湾，位于芬兰、爱沙尼亚之间，伸展至俄罗斯圣彼得堡为止。

我们乘坐轮船从列宁格勒出发，穿过芬兰湾，横渡波罗的海，来到了大西洋。在大西洋上，我们经常会碰到一些外国的船只，有英国的、丹麦的、挪威的，还有瑞典的。

紧接着，我们从大西洋来到了北冰洋。这里到处都是厚厚的冰雪。在这荒无人烟的地方，我们看到了许多奇迹。开始，

在经过大西洋的赤道暖流的时候，我们碰到了漂浮的冰山。在阳光的照射下，它们闪闪发光，刺得人的眼睛都睁不开。再往前，我们开始看到大面积的冰原，在水面上慢慢地浮动着，一会儿分开，一会儿又合并在一起。

在那里，我们还看到了许多可怕的逆戟鲸。它们长着锋利的牙齿，行动如飞。不过，关于鲸，还是等到了太平洋后再谈吧，因为那里的鲸更多些。

> **逆戟鲸**
> 又名虎鲸，一种大型齿鲸，标志性特征是高而直立的背鳍。

悦读链接

蜘蛛不是昆虫

蜘蛛几乎随处可见，分布范围极广。虽然从外表上看去，蜘蛛像是一个小虫子，而实际上它们并不是昆虫。

因为凡是昆虫类的家族成员，都有一个共同的特点，那就是：成虫的身体一般都分为头部、胸部和腹部三个部分，并且从其胸部都分别长出三对步足和两对翅膀，整个身体是由一系列的体节所组成，体节集合而成为其身体的三个体段。并且，昆虫的头部都长有一对触角，通常也长有单眼或是复眼，骨骼多包裹在身体外部。它们一生的形态会发生多次变化。

但是，蜘蛛是节肢动物，属于蛛形纲而不属于昆虫纲。蜘蛛的头部和胸部连在一起称为头胸部，整个身体分为头胸部和腹部，即分为前体和后体两个部分，前体覆有背甲和胸板，并长有两对附肢，第一对称为螯肢，第二对称为须肢。另外，蜘蛛的前体和后体是由腹部的第一腹节变成的细柄相连接的，并且蜘蛛不存在尾节和尾鞭。和昆虫的不同之处还在于，蜘蛛没有复

眼，通常只有8个单眼排成2~4行。它们一生不存在形体的变化。

通过以上比较，我们可以清楚了——蜘蛛并不是昆虫。

悦读必考

1. 按照拼音写词语。

　　bù kě kāi jiāo　　　　　huāng wú rén yān
　　（　　　　　）　　　　（　　　　　　　）

2. 阿尔泰山脉上的雪都融化了吗？

_____

_____

3. 写一篇通讯，简要描述一下你的家乡在夏天会发生哪些变化。

_____

_____

_____

锐眼竞赛

问题1

　　花园里有两个树洞，里面都有雏鸟的叫声。仔细看看，怎么可以知道它们各是什么鸟的巢？

问题2

住在这片地底下的是谁?

问题3

住在这些洞穴里的是谁?

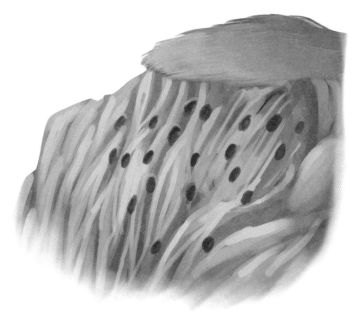

问题4

　　这两个洞很像，而且也是同一种动物挖的。可在这两个洞里，居住的却不是同一种动物。它们是谁？

图1

图2

No.5

夏季第二月 ｜ 7月21日到8月20日

雏鸟出世月

· 太阳进入狮子宫 ·

一年：12个月的欢乐诗篇——7月

顶峰
山的最高处；比喻事物发展过程中的最高点。

7月——夏天的顶峰！田里，燕麦已经穿上长衫，荞麦却连衬衣还没有套上！成熟的小麦和稞麦像一片金色的海洋，等待着人们前去收割！

森林里，草地脱掉了金黄色的衣裳，换上了缀满野菊的外套，雪白的花瓣泛着太阳光。森林里到处都是小巧多汁的浆果——草莓、黑莓、覆盆子、醋栗……北方有金黄色的桑悬钩子，南方有樱桃和杨梅。

鸟儿却变得沉默起来，它们已经顾不上唱歌——因为所有的巢里都有了雏鸟。在很长一段时间里，这些浑身光溜溜的小家伙，都需要爸爸妈妈的照料。好在到处都是吃的：地上、水里、林中，甚至半空，大家都够吃！

悦读链接

❧ 禾本科植物 ❧

燕麦、小麦和稞麦都属于禾本科植物。

我们形容树木往往用"挺拔粗壮"这个词语，形容小草往往用"纤细柔弱"这个词语，而禾本科植物的特点恰恰在树木和小草之间。禾本科植物的茎往往比较坚固，就像树木一样；但是，禾本科植物不管如何生长，茎都不会变粗，这一点又和草本植物类似。

禾本科植物对人类来说具有非常重大的意义，我们日常食用的谷物，如大麦、燕麦、稻、黍、高粱、玉米等，基本上都是禾本科植物。

悦读必考

1. 把下列词语中不同类的找出来。

（1）草莓、黑莓、小麦、覆盆子、醋栗

（2）鹌鹑、蝙蝠、鸥鸟、潜鸟、野鸭

2. 把下面的句子改为反问句。

好在到处都是吃的：地上、水里、林中，甚至半空，大家都够吃！

_____

3. 为什么鸟儿顾不上唱歌？

_____

_____

森林大事典

森林里的孩子

罗蒙诺索夫城外有一片森林。在那儿，一只年轻的雌麋鹿生下了它的第一个孩子。白尾巴雕把巢也安在这片森林里，巢里有两只小雕。还有黄雀、燕雀和鸱鸟，它们的窝里各有 5 个小娃娃。最了不起的是灰山鹑，它的窝里有 20 只雏鸟！可这还不是最多的，在棘鱼的巢里，竟然有 100 多条小棘鱼！

那还有没有更多的呢？当然，在鳊鱼的巢里，有几十万条小鳊鱼；而鳘鱼的孩子更是多得数不过来——大概有几百万条！

不过，鳊鱼和鳘鱼并不管这些孩子，生下孩子后，它们就游走了。是呀，不这样又能怎么办？如果你有几十万或几百万个孩子，你也会这样做的。

当然，没有了父母的照顾，孩子们的日子过得困难极了。水里到处都是贪嘴的家伙，在这些孩子长大之前，不知道有多少会成为它们的食物呢！想想就让人觉得不寒而栗！

这样一比，小兽和小雏鸟就幸福多了。

麋鹿妈妈为了它的独生子，随时可以牺牲自己的生命。就是面对一只熊，它也会毫不犹豫地冲过去，又踢

罗蒙诺索夫

俄罗斯圣彼得堡下辖的一个城市，位于市中心以西。

鳘鱼

一般指米鱼，属于鲈形目石首鱼科，分布于北太平洋西部，包括中国的渤海、黄海及东海，日本南部。

不寒而栗

指不寒冷而发抖，形容非常害怕、恐惧。

又咬，保准叫那个大家伙下次再也不敢走到小麋鹿跟前来！

灰山鹑妈妈也是一样。那次，我们的通讯员在田野里捉到一只小山鹑。这时，山鹑妈妈不知从哪儿钻了出来。它咕咕地叫着，朝着通讯员扑过去！突然，它一下子摔倒在地上，耷拉着翅膀飞不起来了。

我们的通讯员以为它受伤了，连忙放下小山鹑想过去看看。可是，他们还没走到山鹑妈妈跟前，只见它扇扇翅膀，一下子飞走了！而这时，小山鹑也失去了踪影！你看，多么聪明的山鹑妈妈！为了救出自己的孩子，它竟然会假装受伤！

无微不至

没有一处细微的地方照顾不到。形容关怀、照顾得非常细心周到。无，没有；微，细微；至，到。

忙碌

不停地做各种事情。

凶恶

形容行为、相貌或景象等十分可怕。

胆战心惊

发抖，哆嗦。形容非常害怕。

当然，对于孩子们的照顾，这些妈妈们更是无微不至。每天，天刚蒙蒙亮，鸟儿们就开始劳动了。

我们专门核对过。每天，椋鸟要劳动 17 个小时，家燕要劳动 18 个小时，雨燕要劳动 19 个小时，鹞则要劳动 20 个小时以上！它们不这么干不行！因为孩子们都在等它们带食物回家呢！

一只雨燕每天要往返 30 多次，才能喂饱它的孩子。椋鸟则需要 200 多次，鹞更不得了，竟然要往返 450 多次！

整整一个夏天，它们都在这样片刻不停地劳动着、忙碌着，直到雏鸟长大。而那个时候，森林里的害虫都已经被它们消灭光了！

沙锥和鹞鹰的孩子

一只小鹞鹰刚刚从蛋壳里孵出来。在它的嘴上有个小白疙瘩，小鹞鹰就是用这个小白疙瘩破壳而出的。

小鹞鹰长大后，就变成了凶恶的猛禽。那些小啮齿动物看到它，一个个都会被吓得胆战心惊！不过，这会儿，它还只是个小不点儿，一身毛绒绒的外衣，就连眼睛也是半闭着的！

不过，你以为所有的雏鸟都是又娇气、又软弱的，那可就错了！它们有的才从蛋壳里爬出来一天，就已经自己找蚯蚓吃了！不但如此，要是有敌人来，它们还会自己躲起来呢。这就是小沙锥。

另外，我们刚才说的小山鹑也很壮实。它刚一出世，就能撒开腿四处跑。

还有小野鸭，它们也一样。从蛋壳里钻出来，就一瘸一拐地走到小河边，"扑通"一声跳到水里，游起泳来。瞧那动作、姿势，简直和大野鸭一模一样！

岛上的"殖民地"

在一个小岛上，栖息着许多海鸥，它们都是来这儿避暑的。岛上到处都是沙子，上面布满了小沙坑，于是，这些小沙坑就成了海鸥们的"殖民地"。

晚上，它们三个一群、两个一伙，就睡在这些沙坑里。白天，小海鸥就会跟在爸爸妈妈的身后，学习飞行、游泳和捕鱼。

要是有敌人来入侵，它们就会成群结队地飞过去，大吵大叫。那阵势，就是白尾巴雕见了，也会害怕呢！

入侵

（敌军）侵入国境；（外来的或有害的事物）进入内部。

雌雄颠倒

这个月，我们收到了全国各地许多读者的来信，他们在信中说，看见了一种非常罕见的小鸟。这种鸟又漂亮，又可爱，而且对人非常信任。即使人们走到离它们几步远的地方，它们也不会躲开。

现在，其他的鸟儿不是坐在巢里孵小鸟，就是忙着喂养雏鸟，只有这种鸟成群结队，在全国各地游玩。

令人奇怪的是，其他的鸟儿都是雄的花花绿绿，雌的毫不起眼。可这种鸟呢，却是雌的毛色鲜亮，而雄的灰不溜秋。不过，还有更奇怪的呢！这种鸟，雌鸟在小沙坑里下完蛋就飞走了。而孵化小鸟、哺育雏鸟的任务，则全是由雄鸟来完成的，简直是雌雄颠倒！

鲜亮

鲜明；漂亮。

这种奇怪的小鸟，学名叫作鳍鹬。

窝里的"小怪物"

鹬鸰妈妈孵出了6只光身子的雏鸟，其中5只都挺像样子的，第6只却是个丑八怪——粗糙的皮肤上青筋暴露，再加上一个大脑袋、两只凸眼睛，眼皮还耷拉着！最可怕的是它那张嘴，简直就像野兽的血盆大口！

血盆大口

指野兽凶残吞噬的大嘴。也比喻剥削者、侵略者蚕食鲸吞的巨大胃口。

出生的第一天，丑八怪安安静静地躺在窝里，只是在鹡鸰妈妈带着食物飞回来的时候，它才微微抬了抬头。

第二天清晨，鹡鸰夫妻俩又出去觅食了。这个丑八怪动起来。它低下头，叉开两条腿，用屁股抵住一个小兄弟，使劲儿把它往巢外推去。小兄弟个头儿很小，身体又弱，挣扎了几下，就被推到了巢外！

鹡鸰的巢是做在河边的悬崖上的。可怜的小兄弟，"扑通"一声摔在下面的石头上，死去了！

这个可怕的过程，从头到尾不过两三分钟。之后，那个丑八怪晃了晃沉甸甸的胖脑袋，在巢里躺了下来。

不一会儿，鹡鸰夫妻俩回来了。丑八怪抬起大脑袋，若无其事地张开嘴巴，尖叫起来，好像在说："喂喂我吧，喂喂我吧。"

第三天，吃饱喝足了的丑八怪开始收拾第二个小兄弟。就这样，5天后，等丑八怪睁开眼睛的时候，巢里只剩下了它自己。

出生后的第十二天，丑八怪开始长出羽毛。这时候才真相大白——它竟然是一只杜鹃！它张着大嘴，冲着鹡鸰夫妇哇哇地叫着，要吃的，那样子可

真相大白

真实情况完全弄明白了。大白，彻底弄清楚。

怜极了。温柔的鹡鸰夫妻俩怎么忍心拒绝它呀！它们只好继续忙碌着，将捉到的青虫送进小杜鹃的血盆大口中。

就这样，一直忙到秋天，小杜鹃长大了。它拍拍翅膀飞出鹡鸰巢，一辈子也没有再跟养父养母见过面。

熊孩子洗澡

有一天，我们的一位朋友正沿着林中的小河散步，忽然传来一阵惊天动地的响声。他吓了一跳，赶紧爬上一棵大树，藏了起来。

只见一只棕黑色的母熊带着两只活蹦乱跳的小熊从林子中走了出来！在它们的后面，还跟着一个半大的熊小伙儿。我们的朋友马上明白了，这是熊妈妈的大儿子，两个小熊娃的保姆。

熊妈妈在河边坐了下来。熊小伙儿见状，俯身叼起一只熊娃娃，将它浸到了河里。

小熊尖叫起来，四只脚一个劲儿地乱蹬。可熊小伙儿并没有松口，直到把它洗得干干净净，这才转身朝另一只熊娃娃走去。那只熊娃娃可吓坏了，一溜烟跑进了树林。

熊小伙儿见状，赶忙追过去，将它捉回来，然后照样将它浸到河水里洗起澡来。洗着洗着，熊小伙儿一个不小心，将熊娃娃掉进了水里。熊娃娃大叫起来！熊妈妈立刻跳下水，将熊娃娃拖上岸，然后狠狠地打了熊小

惊天动地

使天地惊动。形容某个事件的声势或意义极大。

活蹦乱跳

形容活泼、欢乐，精力旺盛的样子。

号叫

呼叫；大声哭喊。

伙儿一巴掌！熊小伙儿疼得号叫起来。唉，真是个可怜的家伙！

好不容易，两个熊娃娃都洗完了。于是，熊妈妈带着它们返回了树林。这时，我们的朋友才从树上爬下来，回家去了。

猫奶娘

今年春天，我家的老猫生下了几只小猫。不过，几天后，小猫就全被送走了。恰好就在这时，我们捉到了一只小兔子。于是，我们便把这只小兔子放到了老猫身边。它的奶水还很足，正好喂小兔子。

形影不离

像形体和它的影子那样分不开。形容彼此关系亲密，像自己的影子一样紧紧地跟着，经常在一起。

就这样，小兔子吃着老猫的奶，渐渐长大了。现在，它们就像真正的母子，形影不离。最可笑的是，小兔子竟然和老猫学会了跟狗打架！只要有狗跑到我们的院子里来，小兔子就会跟在老猫的后面，直扑过去，同时挥动着两只前脚，像擂鼓似的朝狗身上打去，打得狗毛乱飞！这下子，邻近的狗再也不敢到我们家来了，因为它们都害怕老猫和它的养子——小兔子！

摇头鸟的计谋

树上有一个大洞，我们家的老猫见了，心想：一定是个鸟巢！于是，它顺着树干爬了上去，想捉几只雏鸟吃。谁知，它把头往洞里一伸，好家伙！洞里竟然趴着几条小蝰蛇，正"咝咝"地叫着！老猫吓坏了，赶忙跳下树，没命地逃进了屋子！

其实，老猫上当了！洞里根本不是蝰蛇，而是摇头鸟的雏鸟。它们的脖子长长的，扭来扭去，就像蛇在那里扭动。你想想，有谁不怕蝰蛇呀？所以，这样一来，那些敌人就都被吓跑了！

藏到哪儿去了

一只鹞鹰发现了一窝小琴鸡。它想：这回可以饱餐一顿了！于是，它扇了扇翅膀，从半空中俯冲下去。没想到却被琴鸡妈妈发现了，它大叫了一声，小琴鸡全都不见了！鹞鹰左瞧瞧、右看看，什么也没有。那些小琴鸡好像都凭空消失了！它没有办法，只好懊恼地飞走了。

懊恼
因委屈、懊悔而心里不自在。

琴鸡妈妈又叫了一声，小琴鸡们又出现了，就在妈妈的身边！原来，它们并没有消失，只不过是躺到了地上，身子紧紧地贴着地面。这样一来，别人就没有办法将它们和那些树叶、青草什么的区分开了！

吃肉的花

一只蚊子从林中的沼泽地上飞过。飞着飞着，它觉得有些累了，便想休息一会儿，吃点儿东西。这时，它看见了一棵草——绿色的茎秆，末端挂着白色的风铃，下面是一片圆圆的小叶子，叶子上长着细细的绒毛，每根绒毛上都顶着一颗亮晶晶的小露珠。

蚊子落在一片叶子上，伸出嘴去吸那些露珠。谁知，那些露珠黏乎乎的，一下子就把它的嘴给粘住了！紧接着，叶子上的绒毛动了起来，像触手一样，把蚊子捉了起来。随后，叶子开始合拢，蚊子不见了！

过了好一会儿，叶子重新张开了，一张蚊子皮从里面掉了下来——它的血肉已经被吸光了！

原来，这不是普通的花，而是一种会吃肉的、可怕的花，名字叫作毛毡苔。

水下战争

和陆地上的娃娃一样，生活在水底下的娃娃，也经常打架。

触手
水螅等低等动物的感觉器官，多生在口旁，形状像丝或手指，又可以用来捕食。

毛毡苔
即茅膏菜，一种食虫植物。

这不，两只小青蛙跳到池塘里，发现那儿有个怪里怪气的家伙：细细的身子、大大的脑袋，还长着四条小短腿。

"哪儿来的怪物啊！真该和它打上一架！"小青蛙想。

于是，它们冲上去，一个咬住怪物的尾巴，一个咬住怪物的脚，使劲儿拉扯起来！

坏了！怪物的尾巴和右前脚都被拉断了！可它好像并没什么事，一转眼就逃走了！

过了几天，两只小青蛙又遇到了那只怪物，现在，它真的成了怪物——原来长尾巴的地方，长出了一只脚；而原来长脚的地方，却长出了一条尾巴。

小青蛙吓坏了！它们并不知道，这个怪物名叫蝾螈，它最大的本事就是不管是脚，还是尾巴，即使断了也都能重新长出来。只不过，有时候会长得乱

怪里怪气

形状、装束、声音等奇怪，跟一般的不同。

蝾螈

又称火蜥蜴，有尾两栖动物，体形和蜥蜴相似，但体表没有鳞。

七八糟——原来脚的地方，可能长出尾巴；而原来尾巴的地方，还会长出其他别的肢体！

不是风，不是鸟，是什么

景天

别名大红七、大和七，景天科植物的统称。

今天，我给大家讲一种植物，它的名字叫作景天，也作八宝。我非常喜欢这种植物，特别是它们那厚厚的、灰绿色的小叶子！

这会儿，景天的花已经凋谢了，结出了果实。果实扁扁的，好像一个个小小的五角星，紧紧地闭合在一起。不过，要是你想让它们张开，也容易得很。你只要弄点儿水，滴一滴在小星星中间，小星星就会张开，露出里面的种子！这时候，如果你再滴上几滴水，种子就会被冲下来，流到别的地方去，生根发芽。

现在，你知道帮助景天传播种子的是谁了吧？对了，不是风，不是鸟，而是水！

夏末的铃兰

沁人心脾

原指吸入芳香气味、新鲜空气或喝了清凉饮料等时，感到舒适和愉快。也用来形容文艺作品的美好与感人所给予人的清新爽朗的感受。

河边，我家的花园里，种着许多铃兰。不过，我更喜欢它的另外一个名字：空谷百合。这是自然学家林奈送给它的。从小我就喜欢铃兰，喜欢它那铃铛似的花朵，喜欢它富有弹性的茎秆，更喜欢它沁人心脾的香气。

春天的时候，每天一大早我就过河去采铃兰，回来后养在水里。这样，一整天屋子里都洋溢着铃兰清幽的香气。

　　这会儿，已经是夏
末了。在我们列宁格勒，
铃兰的花已经谢了。但
是，它却给我带
来了新的惊喜。

　　那天，我偶
然发现，在铃兰的
叶子底下，有一个淡淡的红色的小玩意儿。我蹲下身，拨开叶子，发
现一颗颗红色的小果实闪闪发光。原来，是铃兰结果了！

天蓝色的草地

　　今天，我起得很早。起来后，我朝窗外一看：草地怎么变成了蓝
色！完全是那种蓝天的颜色！这是怎么回事？其实很简单。你把两种
颜色——白色和绿色，掺在一起看看，立刻就会变成蓝色！

　　这就对了！夜里，露珠洒在青草上，草地当然会变成天蓝色的了！

悦读链接

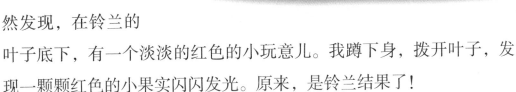

为什么天空是蓝色的

　　我们都知道，空气是看不见摸不着的，因为它是无色透明的，可是由
空气组成的天空看起来却是蓝色的。这是为什么呢？

这是由于太阳光射入大气层时，会被空气分子和悬浮在空气中的尘埃的水滴等微粒阻挡而发生散射。因为散射出来的蓝光最明显，所以天空呈现出蓝色。

如果仔细观察，你会发现天气越晴朗的时候，天越蓝，这是因为阳光主要是由赤、橙、黄、绿、青、蓝、紫七种颜色的光构成的。这其中，红、橙、黄几种光拥有较强的透射能力，不容易被阻挡；而剩下的绿光、青光、蓝光、紫光就没有那么强的力量，遇到障碍就容易被反射和散射。

虽然我们看到的天空是洁净的，但是里面其实飘浮着无数的尘埃、水滴等细小的微粒，这些肉眼看不到的微粒会对射向地球的阳光进行阻挡和散射。红、橙、黄三种光可以轻松地通过这些障碍射向地面，但是剩下的光就会不同程度地被反射和散射。其中，蓝光的能量是最强的，散射出来的光也最多。所以在我们看来，本来无色的大气层就呈现出蓝色了。

悦读必考

1. 将下面的反问句改为陈述句。

是呀，不这样又能怎么办？

_____

_____

_____

2. 什么鸟的雏鸟能像蛇一样发出"咝咝"的声音？

_____

_____

_____

3. 你愿意做小鹞鹰这样依赖父母的孩子，还是小沙锥这样独立的孩子，
为什么？

_____

_____

_____

农庄新闻

谁都有活儿干

收割庄稼的时候到了，一片片黑麦和小麦，好像无边无际的海洋，每一株上面都顶着一个饱满、壮实的麦穗。过不了多久，这些麦穗将汇成一股股金色的洪流，灌满集体农庄的仓库。

麦穗
麦茎顶端的花或果实部分。

每个人都在忙碌。他们跟在割麦机的后面，将一束束麦子捆起来。不时有山鹑从田里飞出来，它们的家完全暴露了。山鹑爸爸只好带着全家老少，搬到还没成熟的春播田里。

亚麻田里，拔麻机也在"轰隆轰隆"地响着，女庄员们跟在机器后面，将拔下的亚麻捆成捆儿，再堆成垛。不一会儿，亚麻田里就密密麻麻地站满了列队的亚麻垛。

密密麻麻
表示非常密集，形容又多又密。

菜园子里，黄瓜、胡萝卜、甜菜，还有其他许多蔬菜都成熟了。它们被装进大筐，运到火车站。在那里，火车会把它们送进城。过些日子，城里的人们就可以尝到新鲜可口的黄瓜，喝到香甜的甜菜汤。当然，还有美味的胡萝卜馅饼。

在这个季节，谁都没有空闲，谁都有活儿干，孩子们也不例外。树林里，蘑菇、树莓、榛子都熟了。孩子们穿梭在里面，抢摘这些果实，每个孩子的口袋里都装得满满的。

当然，他们的活儿远远不止这些。马铃薯田里长满了杂草——香蒲、木贼、滨藜，等待着他们去清除。黑麦地里还有许多落下的麦穗，这些也是他们的任务。

森林新闻

今天，在集体农庄的林子里，长出了第一个白蘑菇！结结实实、肥肥大大！

过不了多久，它们就会成片生长出来的！到那时，你只要看到哪块土高起来，就赶紧拿锹把它挖开吧！你准会看到大大小小的白蘑菇！

锹

挖土或铲其他东西的器具。

变黄了的土地

我们的通讯员曾经去红星集体农庄访问，他们看到，农庄有两块马铃薯地。大一些的那块青葱茂盛，小一些的却枯黄枯黄的。他们决定搞清楚到底是怎么回事。

后来，我们收到了他们寄回的报道，上面是这样写的："昨天，一只公鸡跑到那块枯黄的地里，不停地刨着土。过了好一会儿，它又回去叫来了许多母鸡。一个女庄员看见了，笑着说：'哈哈，看那群鸡，它们是不是知道我们明早就要收这片早熟的马铃薯啊？'于是，马铃薯的叶子变黄了，就说

青葱

翠绿色，形容植物浓绿。借指草木的幼苗或树木葱茏的山峰。

悦读悦好
YUEDUYUEHAO

明它已经成熟了。"

远方来信——鸟的岛屿

喀拉海

位于俄罗斯西伯利亚以北,是北冰洋的一部分。西为新地岛,西北为法兰士约瑟夫地,东为北地群岛。

海市蜃楼

夏天的海面上,下层空气比上层的温度低、密度大,折射率也大,远处景物发出的光线进入海面上层空气时入射角不断增大,以致发生全反射。人们逆着光线看去,就看到了海市蜃楼的景象。

现在,我们正乘坐大船航行在喀拉海东部。周围全是水,好像永远都走不到尽头。

忽然,站在桅杆上的监视员叫了起来:"快看,前面有一座倒立的山!"

"他是不是产生幻觉了?"我这样想着,也爬上了桅杆。

真的!在船的前方,我清清楚楚地看到一座岛屿倒挂在空中。

"天哪!是不是你的脑子出毛病了!"我问自己。但就在同时,我的脑子忽然一亮,一下子明白了。"是反射光!"我叫起来。反射光是一种物理现象,它叫"海市蜃楼",经常出现在海洋上。

几个钟头后,我们到达了那座小岛。它当然不是挂在半空中的,而是稳稳当当地矗立在水里。

船长看了看地图,告诉我们这是比安基岛。之所以取这个名字,是为了纪念俄罗斯科学家瓦连京·利沃维奇·比安基的,也就是我们《森林报》所纪念的那位科学家。于是我想,你们一定想知道岛上的情况。现在,我就一一告诉你们。

这座岛是由许多大大小小的岩石堆成的,上面没有

082

树木，也没有青草，只有一些稀稀疏疏的白色小花。还有就是在背风的岩石上，长满了地衣和苔藓。

浓雾笼罩在岛上和海面上，望过去，只能看见桅杆的影子若隐若现。不过，这里一年也难得有条船经过，所以，岛上的鸟兽见了人，一点儿也不害怕。

我带了点儿早点，在岸边坐了下来。在我身边，许多浑身长满黑色、灰色和黄色绒毛的小家伙窜来窜去，我认出那是旅鼠。

我还见到了一只北极狐。当时，它正偷偷地向一个海鸥巢走去，巢里是还不会飞的小海鸥。忽然，大海鸥发现了这个小偷，叫着扑过去！吓得那只狐狸赶紧没命地逃走了！

桅杆

船上悬挂帆和旗帜、装设天线、支撑观测台的高的柱杆。

旅鼠

属于啮齿目仓鼠科，分布在挪威北部和亚欧大陆的高纬度针叶林中。

直到这时，我才发现，在比安基岛上，到处都是鸟。我看到了海鸥、大雁、野鸭、天鹅以及各种各样的鹬。它们自由自在地住在这里，生儿育女。

突然，从我脚下的水中钻出来几个油光水滑的脑袋，一双双小黑眼睛好奇地盯着我，原来是一些个头儿很小的海豹！紧接着，远处的海面上又冒出了一些脑袋，是海象！

但忽然，海豹和海象全都钻入了水里，鸟儿也大叫着飞上了天空，周围一下子寂静下来。我抬眼望去，只见一只北极熊正从岛旁游过。怪不得，原来是这个北极霸主来了！

又坐了一会儿，我觉得肚子饿了，这才想起我的早点。我记得清清楚楚，把它放在了旁边的一块岩石上。可现在，岩石上空空荡荡，什么也没有。我站起来，一只北极狐从我身后的石头底下窜出来，跑远了！

是这个家伙偷走了我的早点！因为它嘴里还衔着我用来包裹面包的纸呢！

霸主
指权力、级别或势力方面的至高无上；专横霸道的人。比喻在某一地区或领域称霸的人或集团。

悦读链接

雨后蘑菇

成语"雨后春笋"翻译成英文就是"雨后蘑菇"，事实也确实如此。每当下雨之后，我们就会发现树木上会长出许多小蘑菇，而在晴天，大树上却不会长出小蘑菇，这是因为蘑菇是靠散布孢子来繁殖的。孢子落到土壤里，会产生菌丝，吸收养分，最后长成一只蘑菇。蘑菇刚生成时很小很小，但在吸饱水分后，会在很短的时间里伸展开来。所以，雨后总有许多蘑菇"突然出现"。

悦读必考

1. 给下列词语注音。

（　　　　）　　（　　　　）　　（　　　　）　　（　　　　）
　麦穗　　　　　实惠　　　　　青葱　　　　　忽然

2. 是谁偷走了"我"的早点？

_____

_____

3. 你知道有哪些东西是为了纪念某个人而命名的吗？说一说它的来历。

_____

_____

狩　猎

恐怖事件

夏天的晚上，如果你到外面走走，准会听见树林里传来的一阵阵奇怪的声音。一会儿"哈哈哈"，一会儿"嚯嚯嚯"，说不出的尖锐刺耳，任谁听了，背上的汗毛都会竖起来！

有时候，这声音又会出现在屋顶上，好像有许多只怪兽在黑暗中闷声闷气地招呼："快走，快走，大祸就要临头了……"伴随着这叫声，漆黑的夜空中突然亮起两盏圆溜溜的绿色灯笼——那是一双凶恶的眼睛！紧接着，一个无声无息的黑影从你身边一闪而过，带起一股风，从你的脸上擦过。这情景，怎么不叫人胆战心惊？

话说回来，就算大白天，你突然发现在一个黑乎乎的树洞里，突然探出一个瞪着黄澄澄的大眼睛的脑袋，前端还长着一张钩子似的大嘴巴，朝着你狂笑，你是不是也会被吓一大跳呢？

就是因为这个，几乎所有的人都对制造出这些怪声的各种猫头鹰深恶痛绝。

是啊！你想想，如果哪个早上你发现自己的小鸡、小鸭少了几只，再回想起昨天夜里院子里的吵闹声，是

闷声闷气

声音不响亮。形容人心情不畅，压抑。也形容人性格内向，不爱表达。

深恶痛绝

指对某人或某事物极端厌恶痛恨。恶，厌恶；痛，副词，程度深；绝，极。

不是也会把这些事都算在猫头鹰身上？

这么想时，没有哪个人会觉得自己是在冤枉人。因为许多人都亲眼看见过这些猛禽祸害那些家禽。

在大白天，老母鸡一时麻痹大意，它的孩子就被鸢鹰抓走了一只！公鸡跳上篱笆，伸长脖子，还没唱出来，就随着鹞鹰的爪子升上了半空！鸽群刚起飞，不知从哪儿飞来一只游隼，片刻之后便带着一只鸽子飞得无影无踪。

在这种情况下，如果哪个对猛禽恨得咬牙切齿的集体农庄庄员正好路过，手里又有工具，那么他一定会冲上去，把那只猛禽打死。要是有条件的话，他甚至会把周围所有的猛禽都打死或赶走！这么做时，他从不去仔细研究它们究竟是好鸟，还是坏蛋！

可这样做的后果呢？田里的老鼠大批繁殖起来，金花鼠会把整片庄稼都吃光，兔子也会糟蹋掉足够一家人整整吃一个冬天的大白菜！到那时候，后悔可就来不及了！

朋友还是敌人

为了不把事情弄得很糟糕，我们必须学会分辨谁是我们的朋友，谁是我们的敌人。不错，那些伤害野鸟和鸡鸭的猛禽是有害的，但那些消灭老鼠、田鼠、金花鼠以及其他损害我们庄稼的啮齿动物的猛禽却是我们的

咬牙切齿

形容极度仇视或痛恨。也形容把某种情绪或感觉竭力抑制住。切齿，咬紧牙齿，表示痛恨。

啮齿动物

哺乳动物中的一个类群，包含了啮齿目和兔形目，有时特指啮齿目。大部分是吃草或杂食的小动物，长有上下两对门牙，如鼠类等。

朋友。

不管它们的样子有多么可怕，叫声有多么吓人，它们都是我们的朋友。

至于我们的敌人，首先是那种大脑袋的角鸮和圆脑瓜的鸮鹰。不过，即使是它们，也会捉啮齿动物吃！

其次就是老鹰。我们这儿的老鹰有两种：游隼和鹞鹰。

你很容易就能把老鹰和其他猛禽区分开：它长着小小的脑袋、低低的前额、淡黄色的眼睛，羽毛是灰色的，胸脯上还有杂色的条纹。它们是一种强悍的猛禽，即使比它们大得多的动物，它们也敢冲过去。

鹞鹰也很好辨认。它的尾巴尖是分叉的，个头儿也要比老鹰小。和老鹰不一样，它不敢攻击那些比它大的动物，而是专门寻找那些笨

头笨脑的小鸡，或是腐烂的动物的尸体。

还有大隼，它也是害鸟。它的速度非常快，快过任何一种鸟。它最擅长的就是猛扑那些正在飞行的鸟，这样可以使它避免因为扑空而摔在地上，跌破脑袋。

至于那些小隼鹰，最好不要去惊动它们，因为它们中间有好多都是对我们有益的。还有那些红褐色的红隼，它们也一样，整天悬在半空中，捕食那些躲在草丛中的老鼠和蚱蜢。

狩猎猛禽

狩猎猛禽的方法很多，最方便的就是等在它们的巢边打它们。只是，这种方法很危险。

那些猛禽为了保护自己的雏鸟，会狂叫着向人冲过去。所以，打它们时，一定要打得准、打得老练，要不然你的眼珠子就难保了！

不过，要想找到这些猛禽的巢，并不是那么容易。因为雕、老鹰和游隼都把它们的家安在高高的岩石上，或是森林里高大的树木上。

狩猎猛禽的第二个方法是偷袭。

雕和老鹰经常落在干草垛或是白杨树上，寻找可以捕食的小动物。这个时候，你可以从后面悄悄地绕过去，拿枪打它们。不过，一定要记得用远程的来福枪。

还有一个方法是带个帮手。

偷袭
趁着敌人松懈时发动突然袭击。

来福枪
又称"来复枪"。是英文"rifle"的音译，意思是枪管中的膛线。通常认为凡是具有膛线的枪都可以称作来福枪。

猎人在去打白天飞出来的猛禽时，经常会带上一只大角鸮。

头一天，猎人会在附近找个小丘，在上面插一根木杆，木杆上再安一根横木。然后再在离木杆几步远的地方，埋上一棵枯树，最后在旁边搭个小棚子。

第二天，猎人会将大角鸮带到这里，把它放在横木上，系好。自己则躲在小棚子里。

他不会等很久。因为，无论是老鹰还是鸢，都恨透了大角鸮这个黑夜抢劫者。只要看到它，它们立刻就会扑上去。

这时，你就准备好开枪吧！因为这些猛禽的目光全都被大角鸮吸引过去了，根本注意不到旁边的小棚子！

不过，在所有的方法中，最有趣的要算黑夜打猛禽了。

雕和老鹰以及其他大型猛禽过夜的地方，通常是没有任何遮挡的地方，比如光秃秃的大树上。

猎人会选择一个没有月光的晚上，来到这棵大树旁。这时，雕正在沉睡。猎人放心地走到树下，出其不意地扭亮身边的强光灯。顿时，一道耀眼的光芒亮了起来。雕被这亮光惊醒了，它睁开眼睛，可这光太强了，照得它迷迷糊糊的。于是，趁它还没明白是怎么回事的当口儿，猎人开枪了。

鸮
猫头鹰。

出其不意
趁对方没有意料到就采取行动。后也泛指出乎别人的意料。

夏日狩猎

早在 7 月底，猎人们就等得不耐烦了。雏鸟已经学会了飞行，小兽也长大了，可是还没有公布今年狩猎开禁的日期。

开禁
解除禁令。

好不容易盼到报纸上登出的公告：从 8 月 6 日起，允许在树林和沼泽地里打飞禽走兽。

猎人们全都欢呼雀跃起来，开始准备枪支和弹药。8 月 5 日那天，各个火车站便都挤满了身背猎枪、手牵猎狗的人。

看这些猎狗，真是千奇百怪！有全身长着长毛，尾巴像羽毛一样的谍犬；有红色的长毛猎狗；还有大个儿的黑毛犬。这些猎狗都经过严格的训练，一闻到猎物的气味，就会站在那里一动不动，等待着主人过去。

最特别的是一种小个子猎狗——腿和尾巴都是短短的，耳朵却很长，一直耷拉到地上，这是西班牙猎狗。它们不会站在那里帮主人指示方向。可是，要是带着它们到草丛或芦苇荡里打野鸭，却非常方便。

芦苇荡
积水、长满芦苇的洼地。

因为不管飞禽在哪儿——水里、芦苇丛里或是灌木林里，这种猎狗都会把它们给撵出来。要是那飞禽被打死或者打伤了，掉在那儿，它也会跑过去，把猎物衔回来，交给主人。

现在，这些猎狗跟在主人身后，乘坐火车前往近郊。

每个车厢里都有许多这样的猎人，大伙儿把目光都集中在他们的身上，听他们谈论野味、猎枪和打猎的事迹。这时候，那些猎人骄傲极了，仿佛一下子成了英雄好汉。他们不时眯起眼睛，看着车厢里那些没有猎枪和猎狗的"平常人"。

两天后，火车又满载着乘客回来了。可是，瞧那些猎人，他们脸上的那副得意劲儿全都消失得无影无踪，一个个都是一副垂头丧气的模样。这回，轮到那些"平常人"笑了。"野味在哪儿呀？""留在林子里了，还是飞到别处去送死了？"

他们正在调侃，车站上又来了一个猎人，背上的背包鼓鼓囊囊的。大伙儿一见，连忙招呼着给他让座。他也不客气，大模大样地坐下来。可是，他的邻座却是个眼尖的人，瞄了一眼他身后的背包，大声叫起来："咦，你的野味怎么都带着绿脚爪啊！"说着，他毫不客气地将猎人的背包拉开了一角，从里面露出了许多嫩嫩的云杉枝！

这会儿，大伙儿都明白了。那个家伙呢？可够难为情了！

调侃

多指用言语和他人开玩笑或用言辞嘲弄，戏谑。

难为情

指害羞，脸面不好看；情面上过不去。

悦读链接

﹋ 猫头鹰是色盲 ﹋

许多鸟类都有色彩感觉。例如，乌鸦在高空飞行中寻找降落场的时候，颜色可以帮助它们判断距离和形状，它们轻而易举地抓住空中的飞虫，然后轻轻地落在树枝上。

那些颜色艳丽的鸟类往往有很好的辨色能力，能够帮助它们寻找配偶。试想一下，雄鸟用美丽的羽毛吸引雌性，如果雌性感受不到颜色，那不是抛媚眼给瞎子看吗？

猫头鹰的瞳孔很大，光线很容易进入瞳孔，视网膜中的视杆细胞（只有一种视觉色素，即视紫红质，能分辨明暗，不能分辨细节和颜色）很丰富，对弱光十分敏感，适合在夜间活动。

但是，猫头鹰完全没有视锥细胞（有三种视觉色素，在强光刺激下才会被激活，能辨别细节和颜色），所以猫头鹰是色盲。

悦读必考

1.把下列词语填到合适的括号里。

分辨　　分辩

这明明就是假货，你（　　　　）不出来吗？事情的结果已经证明你错了，你还（　　　　）什么？

2.猎人背上的背包鼓鼓囊囊的，为什么还会受到别人的嘲笑？

3. 为了掩饰自己空手而归，猎人把自己的背包装满了树枝，结果遭到了更猛烈的嘲笑。你见过类似的"死要面子活受罪"的事情吗？说给大家听一下。

_____

_____

锐眼竞赛

问题5

这里有五种不同的鸟，每一种都是两只雏鸟和它们的爸爸或妈妈。请你用线连一连。

图1   图2   图3   图4

图5   图6   图7   图8

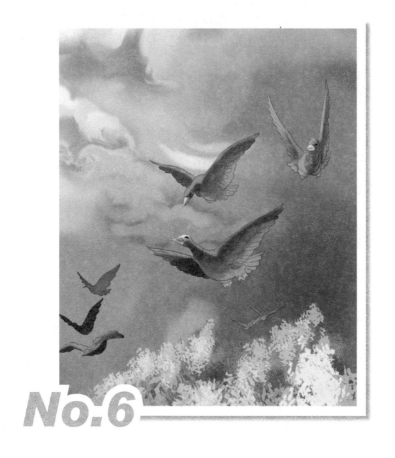

No.6

夏季第三月 ｜ 8月21日到9月20日

成群结队月

· 太阳进入室女宫 ·

一年：12个月的欢乐诗篇——8月

8月——闪光的月份！草地换上了夏天里最后一身衣裳！现在，它变得五彩缤纷，所有的花儿都竭尽全力，将自己最美丽的样子展示出来！

五彩缤纷
指颜色繁多，色彩绚丽，十分好看的样子。

树林里的树莓、沼泽地上的蔓越橘、山梨……也快要成熟了。树底下长出许多蘑菇，它们不喜欢火辣辣的阳光，全都藏在阴凉的树底下，就像一个个小老头儿。

森林里的新规矩

森林里的孩子都已经长大了，从巢里爬了出来。

春天的时候，所有的鸟儿都成双成对，住在自己那块固定的地盘里。现在，它们带着孩子走出家门，去拜访左邻右舍。

左邻右舍
左右的邻居。也比喻关系比较近的其他单位。

貂、黄鼠狼和白鼬也从窝里钻出来，在树林里窜来窜去。这个时候，它们可以毫不费事就填饱肚子，因为到处都是傻头傻脑的

雏鸟、缺乏经验的小兔、粗心大意的小老鼠。

在这样混乱的季节，没有规矩是不行的。

首先定好规则的是鸣禽。规矩是这样的：无论是谁先发现了敌人，都得尖叫一声。这是在警告大家赶紧逃命。要是有哪个成员不小心遇到袭击，大伙儿就一起飞起来，大吵大闹，把敌人吓走。

可以毫不夸张地说，这个季节，成百上千对眼睛、成百上千对耳朵，都在防备着敌人。

在这样一个大家庭里，那些雏鸟当然会安全得多。但这还不够，它们必须向那些老鸟学习：觅食、飞行、躲避敌人，一举一动都不许出错。老鸟不慌不忙地啄麦粒，雏鸟也得不慌不忙地啄麦粒；老鸟抬起头来一动也不动，雏鸟也得抬起头来一动也不动；老鸟逃命，雏鸟也得跟着逃。

训练场

现在，所有的鸟群都为自己选好了训练场。琴鸡的训练场在林子里。小琴鸡聚集在那里，跟着琴鸡爸爸学习鸣叫。不过，这时候，琴鸡爸爸的叫声已经和春天时不一样了。春天的时候，它好像在叫："我要卖掉皮袄，买件大褂！"现在，它的叫声变成："我要卖掉大褂，买件皮袄！"这里面的道理很简单，因为天马上就要变冷了。

粗心大意

轻率而粗略。比喻遇事欠思虑，不严谨。

防备

指为应付攻击或避免伤害预先做好准备。

整齐
有秩序；不乱。

鹤的训练场在空地那边。这会儿，那些小鹤正在学习飞行时如何排成整齐的"人"字形队伍。在南飞之前，它们必须学会做这件事。这样，在长途飞行的时候，才能够节省力气。

现在，这些小鹤跟在领队的后面，一只紧挨着一只，脑袋接着尾巴，尾巴接着脑袋，按照节拍拍打着翅膀。

领队
指率领队伍的人。

领队是一只身强力壮的鹤，它不时地发布着命令："咕尔，勒！咕尔，勒！"这是在告诉小鹤："注意，到地方了！"所有的小鹤都努力练习，为即将到来的远行做准备。

蜘蛛飞行家

窍门
比喻解决问题的好办法。

你或许会说，蜘蛛怎么飞啊？它又没有翅膀！很简单，它有窍门！

你看，一只小蜘蛛从肚子里放出一根细丝，挂在一丛灌木上。小蜘蛛不停地从肚子里放出细丝，那丝把它

都给缠住了，可它还没有停下来的意思。

起风了。细丝随着风左摇右摆。小蜘蛛迎着风走上去，咬断了挂在灌木上的细丝。它随着风飞起来了！飞过草地，飞过灌木丛。那个小小的飞行家挂在细丝上，左看看，右看看，下面是树林、小河，在哪儿降落最好呢？

咦？谁家的小院子？院子里一个大大的粪堆，许多苍蝇正围着粪堆飞舞。

就是这儿了！于是，我们的小飞行家把蜘蛛丝缠在自己的身子底下，再用小爪子把这些细丝缠成一个小团。好了，着陆了！这儿干燥、宽敞，可以安居乐业了。

安居乐业
人民生活安定美满的样子，比喻安定地生活，愉快地工作。

悦读链接

鹤是如何"成仙"的

我们谈到鹤的时候，往往称它们为仙鹤。鹤是什么鸟，又如何"成仙"的呢？

鹤是鹤科鸟类的通称，是一些美丽而优雅的大型涉禽，分为鹤亚科和冕鹤亚科。鹤亚科后趾小而且位置高，不能与前三趾环握，因此不能栖息在树上；而冕鹤亚科与鹤科不同，它们可以栖息在树上。

鹤科共15种，中国有9种，占鹤科一大半，是鹤类最多的国家，而且这9种鹤全部是中国的国家重点保护野生动物。

鹤在中国文化中有崇高的地位，特别是丹顶鹤，是长寿、吉祥和高

雅的象征，常与神仙联系起来，视为神仙的交通工具，所以又被称为"仙鹤"，地位仅次于凤凰。

悦读必考

1. 划去下面括号中注音错误的项，并改正。

左邻（líng）右舍（shě）　　身强（qiǎng）力壮

随风飞舞（wǔ）

改正：＿＿＿＿＿＿＿＿＿＿＿＿＿＿＿＿＿＿＿＿

2. 蜘蛛没有翅膀，是如何成为飞行家的？

＿＿＿＿＿＿＿＿＿＿＿＿＿＿＿＿＿＿＿＿＿＿＿＿

＿＿＿＿＿＿＿＿＿＿＿＿＿＿＿＿＿＿＿＿＿＿＿＿

3. 一只小鸟不足以抵抗貂、黄鼠狼等敌人，但是如果有成百对眼睛、上百双耳朵在保持警戒，成百张尖鸟嘴随时准备击退敌人，就可以大大保护好鸟群，这就是团结的力量！请以"团结的力量"为题，写几句你的观点。

＿＿＿＿＿＿＿＿＿＿＿＿＿＿＿＿＿＿＿＿＿＿＿＿

＿＿＿＿＿＿＿＿＿＿＿＿＿＿＿＿＿＿＿＿＿＿＿＿

＿＿＿＿＿＿＿＿＿＿＿＿＿＿＿＿＿＿＿＿＿＿＿＿

森林大事典

一只羊吃光了整片森林

这不是在开玩笑，一只羊真的吃光了整片森林。

事情是这样的。这只羊是一个森林看守人的。他把它带到森林里，拴在草地上的一根柱子上。谁知，半夜里，这只羊挣断了绳子，逃跑了。

守林人找了三天，可什么也没找到。周围全都是树，上哪儿去找呢？不料，第四天，这只羊竟然自己回来了！

这天晚上，附近一个树林的守林人急匆匆地跑来了！原来，山羊把他看守的那片树林里所有的树苗都啃光了！

树木小的时候，根本不会保护自己。随便一只动物都会把它们连根拔起、吃掉。不过，等它们长成大树了，就没有东西敢碰它们了！因为树枝会把那些动物的嘴巴戳出血来的！

连根拔起
砍伐树木，将树木的树根都清除掉，表示清除得很干净，没有后患。

抓强盗

篱莺成群结队，在林子中忙碌着。它们从这棵树飞到那棵树，从这丛灌木飞到那丛灌木，上上下下、仔仔细细，把那些藏在树叶后面、树皮上面、树缝里面的青虫、甲虫和蝴蝶的幼虫等统统搜出来吃掉。

突然，一只小篱莺"啾咿、啾咿"地叫起来。原来，树底下，一只貂正偷偷地爬上来。只见它像一条蛇一样，在树丛中东躲西藏，两只小眼睛射出恶狠狠的凶光，盯着树上的小篱莺。

所有的鸟儿都叫起来——"啾咿、啾咿"，扑闪着翅膀飞到了另一棵大树上。

在那儿，一只小篱莺看到，在一个粗大的树桩上，长着一簇奇形怪状的木耳。它飞过去，想看看里面有没有藏着蜗牛。忽然，木耳动了起来，下面露出一双圆溜溜的眼睛，恶狠狠地盯着小篱莺，是猫头鹰！

小篱莺大吃一惊，连忙向旁边一闪，高声尖叫起来："啾咿，啾咿！"听到这个声音，所有的篱莺都飞过来，把那个木桩子团团围住，一起尖叫起来，好像在喊："有猫头鹰！救命啊！救命！"

猫头鹰气呼呼地张大嘴巴，不满地叫着："可恶，扰了我的好梦！"篱莺群骚动起来，但却没有一只飞走，它们继续尖叫着。听到这警报声，许多鸟儿从四面八方

东躲西藏
形容为了逃避灾祸而到处躲藏。

四面八方
指各个方面或各个地方。四面指东南西北，八方指东、东南、南、西南、西、西北、北、东北。

赶了过来。黄脑袋的戴菊鸟从高大的云杉上飞了下来；灵巧的山雀从灌木丛中跳了出来。它们围着猫头鹰，不停地盘旋着。好像在说："来呀，来捉我们啊！现在可是大白天，你倒试试看！"

猫头鹰生气地眨巴着眼睛。是呀！大白天的，它可是一点儿办法也没有啊！鸟儿还在不停地叫着，这叫声吸引了更多的鸟儿，它们络绎不绝地飞过来。瞧，一群长着蓝色翅膀的松鸦，从林子那头儿飞来了！看到这些林中的大力士，猫头鹰吓坏了，赶紧扇动着翅膀溜之大吉。

溜之大吉

偷偷地溜掉为妙，一走了事（含诙谐意）。溜，偷偷地跑；吉，吉利，吉祥。

今夜，篱莺们终于可以安心睡一觉了。因为猫头鹰短时间内是不敢回来了。

狗熊吓死了

这天晚上，一个猎人从林子中走出来，往村子里走去。在燕麦田边，他看到一个黑乎乎的东西正在那儿打转儿！是什么呀？

猎人走过去，仔细一看——我的天哪！原来是一只大狗熊！它正趴在地上，用两只前爪搂着一束燕麦，啃得正香！

霰弹

炮弹的一种。

猎人刚打鸟回来，身上只有一颗打鸟用的小霰弹。不过，他可是勇敢的猎人！他心想："哼，管它呢！先放上一枪，吓唬吓唬这个糟蹋庄稼的家伙！"

于是，他装上霰弹，朝着狗熊开了一枪！"轰隆！"霰弹在狗熊的耳朵边炸开了！这个大家伙，一点儿也没

提防

小心防备。

提防，吓得跳了起来，然后便头也不回地朝森林窜去。

猎人看到这儿，觉得有些好笑，没想到这家伙竟然这么胆小！他笑了一阵，回家了。

第二天一早，猎人起床后，想："还得去田里看看，昨天太黑了，也不知道那狗熊糟蹋了多少燕麦！"

猎人来到昨天那片田里，只见一串脚印一直延伸到树林里。于是，他顺着脚印走了过去。他看见什么了？

一只死熊躺在林子里！

这么说，这家伙竟然被吓死了！要知道，它可是森林里最强大、最凶猛的野兽啊！

雨后的美味

一场雨过后，蘑菇长出来了，最好的是长在松林里的白蘑菇。它们戴着深栗色的帽子，又厚实又肥硕，还散发出一股好闻的香味儿。

还有路旁的浅草丛里，那儿也长出了蘑菇，它的学名叫油蕈。

另外，还有棕红色的蘑菇，它们长在松林中的草地上，大小和小碟子差不多，帽子中间凹进去，火红火红的，隔着老远就能看到！

云杉林里也有很多蘑菇，但它们和松林里的不太一样。白蘑菇的帽子颜色更深，柄也要长一些、细一些。至于棕红蘑菇则完全不一样了！它们的帽子竟然是绿色的，上面还有一圈一圈的纹理，就像年轮一样！

在白桦树和白杨树下，也

肥硕

又大又饱满。多形容果实鲜美多汁。

纹理

泛指物体面上的花纹或线条，是物体上呈现的线形纹路。

蕈
即大型菌类，尤指蘑菇类。

有各种各样的蘑菇。它们的名字很好记：白桦蕈、白杨蕈。其中，白桦蕈在距离白桦树很远的地方也能生长，而白杨蕈却只长在白杨树的根上。

上面的这些都是饭桌上的美味。但跟着雨出来的并不只是它们，还有那些毒蕈！在这些毒蕈里，最危险的是胆蕈和鬼蕈。从外表看，你很容易把它们当成白蕈！不过，如果仔细观察，还是能够区分它们的！它们的蕈帽内侧，不像白蕈那样是白色或浅黄色的，而是粉红或红色的；还有，如果把白蕈的帽子捏碎，它还是白色的！而如果把胆蕈和鬼蕈的帽子捏碎，它们起初是红色的，之后又会变成黑色！

白野鸭

那天，我看到一群野鸭落在了湖面上。奇怪的是，在这群灰色的野鸭里，竟然夹杂着一只浑身雪白的野鸭！在一群深灰色野鸭里，显得非常特别！

黑色素
动物皮肤或者毛发中存在的一种黑褐色的色素。

我知道，这是一只患了黑色素缺乏症的野鸭。我打猎打了50年，还是头一次碰到这种情况！要知道，患上这种病的鸟兽，一生下来身上的颜色就通体雪白！所以，它们很难长大。你想啊！在自然界中，鸟兽要是没有保护色，怎么能活得长久呢？

真不知道这只野鸭是怎么活下来的！因为看起来，它早已成年了。我真希望能将它打下来。可现在办不到，因为它们都在湖中央，我的枪根本打不到，只好再等机会了。

没想到的是，这个机会很快就来了。

一天，我正沿着湖边散步，突然从草丛里窜出来几只野鸭，其中就有那只白野鸭。我立即端起枪，扣动了扳机。可是，就在枪响的一刹那，一只灰野鸭挡在了白野鸭的身前。我的霰弹全都打在了灰野鸭的身上，它从半空中掉了下来，而那只白野鸭却和别的野鸭一起飞走了。我别提多懊恼了！

从那以后，我又见过那白野鸭几次。每次，在它的

扳机

枪上的机件，射击时用手扳动它使枪弹射出。

身边总有好几只灰野鸭，好像在保护它一样。

悦读链接

∽ 小心毒蘑菇 ∽

我们在新闻中可以经常看到食用毒蘑菇的事件发生，专家也一再提醒人们：小心毒蘑菇！这是为什么呢？

原来，毒蘑菇并不是蘑菇的种类，很多可食用蘑菇和毒蘑菇的亲缘关系相当接近。而且，有些蘑菇是否有毒，不仅取决于它自身的种类，而且还取决于它的生长环境，更是令人防不胜防。

特别是有些新闻报道里，还以"小知识"的名义列举了一些辨别毒蘑菇的方法。殊不知，这些民间流传的辨别野生毒蘑菇的方法并没有科学依据，轻信并实践这些方法，反而是造成食用中毒的主要原因之一。

全世界约有上万种蘑菇，形态千姿百态，成分多种多样，辨别它们是否有毒，需要专业知识，并非简单的方法和特定的经验所能胜任。有些毒蘑菇，就连专家也需要借助显微镜等工具才能准确区分。因此，对于不认识的野生蘑菇，唯一安全的策略就是绝对不要吃。

悦读必考

1. 把成语补充完整。

东（　　）西（　　）　　　四（　　）八（　　）

溜之（　　）（　　）　　防不（　　）（　　）

2. 将下面的反问句改为陈述句。

在自然界里，鸟兽要是没有保护色，怎么能活得长久呢？

_____

3. 那只通体雪白的野鸭是怎么活下来的？

_____

绿色朋友

应该种什么

你们知道植树造林时应该种什么树吗？

告诉你们，我们已经选好了 16 种乔木和 14 种灌木，它们在全国各地都可以种植。其中主要的树种有：栎树、杨树、桦树、榆树、松树、桉树、苹果树、柳树、蔷薇、醋栗等。

我们认为，每个孩子都应该知道这件事，并且要牢牢地记着。这样，在春天的时候，你们就知道采集什么样的树种，留着开辟苗圃了。

乔木
指树身高大的树木，由根部发生独立的主干，树干和树冠有明显区分。

采集
收集材料或实物。

用机器种树

植树造林需要种很多很多的树木，光靠双手可忙不

109

过来。这时，就要靠机器来帮忙了。我们的科学家发明了很多种树的机器，它们不仅能播种树木的种子，还能栽种树苗，甚至是大树。

一起努力培育森林

现在，在我们国家，到处都在植树造林。

沿着伏尔加河，已经竖立起成千上万排小栎树、小桦树和小槭树。它们还很小，还没有长结实，很多东西都会对它们造成伤害。

我们都知道，一只椋鸟一天可以消灭 200 只害虫。所以，我们建造了 350 个椋鸟房，挂在了这些树苗的附近。

我们还联合了农村的小伙伴，一起去消灭金花鼠和其他一些啮齿动物。

我们相信，只要全国所有的小学生都来一起努力，一定会保护好我们的森林。

成千上万
累计成千；达到万数。形容数量极多。成，达到一定数量；上，达到一定程度或数量。

园林周

我国各地，从农村到城市，每年都会举行一次园林周。其中北方各省和中部地区，在 10 月初举行，而南方各省则在 11 月初举行。

每逢园林周，苗木场就会准备几千万株苹果树、梨树以及许多浆果和装饰性植物。现在，我们的国家到处都是绿林，到处都是花园。

装饰
在身体或物体的表面加些附属的东西，使之更美观。

悦读链接

为什么植物的叶子春夏都是绿色，秋天变黄

很多人都知道，在植物体内含有一种特殊的物质，叫作叶绿素。这种东西是一些肉眼看不到的微小的颗粒，能利用阳光，把水和二氧化碳变成糖这类含有能量的东西，这叫作"光合作用"。而叶绿素的主要颜色是绿色的，所以叶子就会呈现出绿色了。

秋天气温下降，光照时间缩短，影响了根系的吸收能力和叶片的光合作用，因而不能满足树木的生长发育。当气温下降、空气干燥时，树叶中的水分蒸发很快，但树根吸收水分的能力已大大下降，水分、养料供应不足。为了树的生存，叶柄和叶茎的连接处生成隔离层，叶子被中断了水分的供应，加上气温低，叶绿素遭到破坏，所以叶黄素开始活跃起来，这也正是树木的叶子到了秋天会变黄的原因。

悦读必考

1. 改写句子，把下面的句子改为用关联词"如果……那么……"连接。

我们相信，只要全国所有的小学生都来一起努力，一定会保护好我们的森林。

_____

_____

_____

2.每年的园林周是什么时候？

_____

_____

3.请描述一下你参加过的植树活动。

_____

_____

农庄新闻

在集体农庄里

现在，是农活儿最忙的时候，农庄里的每个人都在忙碌。黑麦收完了，还有小麦；小麦收完了，还有大麦；接下来是燕麦、荞麦。

> 装载
> 用运输工具装（人或物资）。

从集体农庄到火车站的路上，挤满了装载着粮食的大车。

田里，拖拉机又轰隆隆地响起来，秋播作物已经种完了，现在它们正在翻耕土地，准备明年的春播。

这时，山鹑的一家老小可遭了难！它们刚从秋播庄稼地搬到春播庄稼地，现在又得飞起来，寻找新家。它们飞呀，飞呀，从这块田地搬到那块田地，最后，它们躲进了马铃薯地。可它们还没来得及喘口气，集体农庄的庄员们又来挖马铃薯了！山鹑只好又带着全家逃出了马铃薯地。得找个地方藏身呀！现在，小山鹑都长大了，法律已经允许打它们了！怎么办？上哪儿去呢？到处都在收割庄稼。对了，怎么忘了秋播田了？这个时候，秋播的黑麦已经长高了，躲在那里，既可以吃得饱，又能躲过猎人锐利的眼睛。

锐利
（眼光、言辞等）尖锐、犀利。

虚惊一场

森林边缘出现了一群人，他们正往地上铺干了的植物茎。这下子，森林里的居民惊慌起来，这准是一种新式的捕兽器！

等等，原来他们铺的是亚麻！这就是了，因为亚麻只有经过雨水和露水的浸润，里面的纤维

才能很容易地取出来。真是虚惊一场!

战争技巧

在只剩下麦秆的田里,杂草已经埋伏好了。它们把种子撒在地上,长长的根茎藏在地下,等待着春天的到来。那时,只要人们把地一翻耕完,种上马铃薯,它们就会立即活动起来,破坏马铃薯的生长。

埋伏

隐伏起来待机行动。多用于军事方面。

于是,集体农庄的庄员们决定使个计策。他们开着翻耕机来到田里,将土翻起来。杂草以为春天来了,便快速生长起来,不久就将田地变成了绿色!这下,集体农庄的庄员们可开心了。等这些杂草再长大些,他们就再把地耕一遍。那时,杂草就会被翻个底朝天,很快就会被冻死在冬天的寒风中。这样,到明年春天,就没有谁再来欺负我们的马铃薯了。

兴旺的家族

在五一集体农庄,母猪杜希加生下了 26 个小猪崽,这可真是件大喜事儿!要知道,在 2 月份,它已经生下了 12 个孩子!再加上这些,真是个兴旺的大家族!

兴旺

形容事业或经济状况发达昌盛,生机蓬勃。

愤怒的黄瓜

黄瓜田里,黄瓜们正在生气地叫嚷:"为什么不等到我们的绿颜色青年长成熟,就把它们都摘走了?"

它们不知道，鲜嫩的黄瓜又香又甜，很好吃。可要是等到它们成熟了，就不能吃了。

失败的围剿

一大群蜻蜓飞到了曙光集体农庄的养蜂场，准备捉些蜜蜂吃。可它们到那儿一看，却大失所望：养蜂场里，一只蜜蜂也没有！

原来，早在 7 月中旬，蜜蜂们就已经搬到了盛开着帚石楠花的花丛中去了。它们将在那里酿制香甜的帚石楠花蜜。

帚石楠花
杜鹃花科帚石楠属的植物，别名"苏格兰石楠"，是挪威的国花。

悦读链接

人类为什么驯养猪作为肉食牲畜

猪在中文里最开始叫作"豕"，是指野猪。野猪被人类驯养后，叫作"豚"，可见猪自古就是人类重要的肉食来源。人类为什么驯养猪作为肉食牲畜，而不是其他动物？

首先，猪体型合适、性格温顺、食物来源广泛。体型太小的动物，如老鼠、兔子，就不适合作为肉食牲畜；而体型太大、性格暴躁的动物，如河马，也不适合。纯肉食性动物，如狼，饲养成本太高了，也不合适。其次，猪的适应性强，广泛分布在世界各地。在这一点上，很多动物都做不到，如河狸、水獭等。再次，猪的繁殖能力强。这一点是很多动物都不具备的，猪一次可以生育十几到二十几只幼仔，而大象、羊驼等很多动物一胎只能生育一只幼仔。最后，猪的生长周期短。不用担心小猪们会像彼得·潘一样长不大。1995年上映的电影《小猪宝贝》讲述了一头聪明的农场小猪通过努力成为一头"牧羊猪"的故事，但是因为小猪长得实在太快，这部电影用了6头小猪轮番上阵才完成拍摄。

悦读必考

1. 仿照例子再写几个相同类型的词语。（不少于3个）

轰隆隆_____

开开心心_____

117

2.养蜂场里的蜜蜂都去哪里了?

_____

_____

2.山鹬的一家搬家了,养蜂场里的蜜蜂也搬家了,你搬过家吗?请给因
   为搬家而不能经常见面的朋友写几句话,说一说你的近况。

_____

_____

_____

狩　猎

带着猎狗去打猎

8月里一个微凉的早晨,我和塞索伊奇带着猎狗出发了。我带的是两只短尾巴猎狗——杰姆和鲍依,它们跟在我的身后,叫得欢天喜地。塞索伊奇带的是一只漂亮的长毛猎狗,名字叫作拉达。这会儿,它正抬起两条前腿,把它们搭在主人的身上,顺势又舔了一下主人的脸,讨主人欢心。

"你这个淘气鬼!快下去!"塞索伊奇假装生气地喊道。

欢天喜地
形容非常高兴。

顺势
趁势;趁机会;顺着某种情势;顺应形势。

前面已经是草场了。拉达迈开矫健的步子，飞奔起来。我们只看见它那白色带黑花纹的身影在灌木丛后若隐若现。这时，我那两只狗的缺点就显出来了。它们的腿太短，无论怎么拼命跑，也赶不上拉达。

不一会儿，我们来到了灌木林。我打了个呼哨，把杰姆和鲍依叫了回来。拉达却还在窜来窜去。突然，好像有一条看不见的铁丝拦住了它的路，它站在那儿不动了！

我们知道，不是什么铁丝，而是它嗅到了野禽的气味。我连忙叫住了杰姆和鲍依，让它们在我的脚边躺下来，免得它们不小心把拉达找到的猎物吓跑了。

塞索伊奇取下猎枪，不慌不忙地走到拉达身边。

"再往前点儿！"塞索伊奇对拉达说。

矫健

强健有力。

呼哨

口哨。

扑棱

象声词，形容翅膀抖动的声音，指抖动或张开。

拉达听话地向前迈了一步。随着一阵扑棱翅膀的声音，从灌木丛中飞出来几只棕红色的大鸟。

"再往前，拉达！"塞索伊奇又重复了一遍，同时端起了猎枪。拉达快步向前跑去，兜了半个圈子，停在了一棵灌木旁。

那有什么呢？塞索伊奇也跟着往前走去。只见一只棕红色的鸟从灌木丛后踱了出来，两只大翅膀耷拉着，一副无精打采的样子。

原来是一只秧鸡。

塞索伊奇放下了手里的猎枪。对于这种草地上的野禽，猎人们都很讨厌。因为它会在草丛中到处乱钻，叫猎狗没有办法指示方向。

指示

指以手指点表示、指引。

"好了，咱们就在这儿分开吧。待会儿在林中的湖边碰面。"塞索伊奇说完，带着拉达向不远处一片灌木林走去。

我则沿着一条狭窄的溪谷走上一座树木丛生的高岗。杰姆和鲍依跑在我的前面，我端着猎枪，做好了随时开枪的准备。因为杰姆和鲍依不会指示方向，它们只会把藏在草丛里或灌木林中的野禽给撵出来。

树梢

即树的顶端，指树的枝条上远离树干的那一端。

这时，太阳已经升到了树梢上面，一缕缕金色的阳光从绿叶中洒下来，像给草地罩上了一层金色的蜘蛛网。杰姆和鲍依跑去喝水了，我也觉得有点儿口渴。于是，我蹲下身，轻轻地采下一片阔叶草，在这片阔叶草的上面，一滴晶莹的露珠闪闪发光。我小心地把草放到嘴边，冰凉的露珠立即就润湿了我干燥的舌尖。

　　忽然，杰姆狂叫起来，一边叫一边沿着溪岸向前跑去。我急忙丢下那片阔叶草，想赶到杰姆的前面，可已经迟了。我看到，一只野鸭正拍打着翅膀从一棵赤杨树后飞出来。我慌了神儿，顾不上瞄准就开枪了！随着"轰隆"一声枪响，野鸭直直地掉进了溪水里。

　　这一切发生得太突然，也太快了，简直让我不敢相信。直到杰姆将那只野鸭从水中衔起来，送到我面前，我才明白，这只野鸭真的已经成了我的猎物。

晶莹

形容光亮而透明，多指露珠等球形物体。

我拎起那只野鸭掂了掂，好家伙，真沉！

杰姆和鲍依又叫着向前跑去了。我将那只野鸭挂在背后，追了上去。

狭窄的溪谷开始变得开阔起来，一大片沼泽出现在我面前。杰姆和鲍依狂叫着钻进草丛里。我的心情有些紧张，现在，我唯一的愿望就是想快点儿看到这两只短尾巴的猎狗将猎物从草丛中撵出来。

忽然，"噗"的一声响，从一个草墩子上飞起来一只沙锥。我抬手就是一枪，可是，它还在那儿飞着。

真难为情，我打猎打了 30 年，打到的沙锥少说也有几百只。可一看见它们飞起来，还是觉得心慌！唉，还是去找几只琴鸡吧，要不塞索依奇肯定会笑话我的！

从什么地方传来了塞索伊奇的枪声。这已经是他第三次开枪了，我猜，他起码已经打到了超过 5 千克的猎物！

我蹚过小溪，爬上一座斜坡，西边是一大片砍伐地，再过去是燕麦田！咦？那不是拉达吗？它站住了！随后，我看见塞索依奇走过去，端起了猎枪。

哎呀，我也不能傻站着啦，得抓紧些！

一片密林里，传来了杰姆和鲍依的叫声。我赶过去，走到它们身边。我知道，这儿一定藏着一只琴鸡！它们就是这个脾气——自己飞到高处，引着猎狗在前面跑。

冷不防
出乎意料地，预料不到；突然。

果然，一只黑琴鸡冷不防从旁边冲出来，我端起猎枪，双管齐发。可是，它却拐了个弯儿，消失了。

难道又没打中吗？我已经瞄得很准了呀！我走过去，在周围仔细找了一圈，什么也没有。

真是个倒霉的日子！可这又怨得了谁？再试试看吧，也许到了湖边，运气会好一些。

我又回到了那片砍伐地，离那儿不远就是小湖。这会儿，我的心情糟糕透了，更可气的是，杰姆和鲍依不知道跑到哪儿去了。我招呼了半天，它们也没出来。

这两个可恶的家伙！我正嘟囔着，鲍依不知从哪儿钻了出来。

"你去哪儿了？怎么，难道你以为自己是猎人，我倒是你的帮手？那好吧，给，你拿着枪去吧？怎么？不会

嘟囔

连续不断地小声自言自语，多表示不满。

啊？喂！干吗四脚朝天地躺在那儿？是向我道歉吗？不用啦！总而言之，带你们出来都是我的错！要是我带的是拉达，保准百发百中！"

这么说着，我已经来到了湖边。湖边长满芦苇，鲍依从我身后窜过来，"扑通"一声跳进水里。随着一声狗叫，一只野鸭从芦苇丛里飞了出来。我立即开了一枪，野鸭"啪嗒"一声掉进了水里，不见了。很快，鲍依也沉到了水里，好半天也没上来。

怎么回事？不会是让水草给绊住了吧？我担心起来。突然，水面上露出了一个黑黑的野鸭头，随后，鲍依钻了出来！原来，它是钻到水里叼野鸭去了！

"不错呀！"身后传来塞索伊奇的声音。我刚想回答，只见杰姆从灌木丛中钻了出来，嘴里还叼着一只死去的琴鸡！

怪不得好半天都没见到它，原来是找那只琴鸡去了！

"对不起，老朋友，冤枉你们了。我们已经相处了11年，这是你们最后一个夏天陪我出来打猎了。以后，不知道还能不能找到你们这样的朋友！"

坐在篝火旁，这些念头一起涌上我的心头。旁边，塞索伊奇正在把他的猎物拿出来挂在树枝上：两只琴鸡和两只沉甸甸的松鸡。

时间已经到了晌午，塞索伊奇卷上一根纸烟，也坐了下来。我知道，他又要给我讲述他打猎时的趣事了！

晌午

（俚语）正午或午时前后。

打野鸭

猎人们都知道，当小野鸭学会飞行的时候，野鸭群就开始搬家了，一个昼夜，它们要搬两次。白天，它们钻进茂密的芦苇丛里休息。太阳一落山，就从芦苇丛中钻出来，飞走了。

猎人知道，它们会飞到田里去，所以，他早就守在那儿了。他躲在灌木丛里，脸朝着西边。太阳已经落下去了，火红色的天空中，一大群黑压压的阴影径直朝猎人飞了过来。

径直

表示直接向某处前进，不绕道，不在中途耽搁。

猎人开枪了。他放了一枪又一枪，直到天完全黑了才住手。

助　手

一群小琴鸡正沿着林边觅食。突然，草丛里传来了

沙沙的脚步声，一张可怕的兽脸从草丛中探了出来：厚厚的嘴唇，贪婪的眼睛，死死地盯着面前的一只小琴鸡。

那只小琴鸡立刻缩成一团，两只小眼睛紧盯着兽脸上那两只大眼睛。只要那家伙一动，小琴鸡就会张开它那对有力的翅膀，飞上天空。

可过了好久，那张兽脸还在那儿，一动也没动。小琴鸡也不敢动，两个家伙就这么僵持着。突然，有人喊了一声："快走！"那兽脸一下子窜了过来。小琴鸡一愣，扑扇着翅膀向森林逃去。可是，随着"砰"的一声，它又翻转着掉了下来。

僵持

指双方相持不下，不能避让也无法进展。

一个猎人从灌木丛中走出来，弯腰捡起了小琴鸡。

在白杨树上

太阳刚刚落山，高大的云杉林寂静无声。猎人踩着草地，慢慢地走着。

忽然，前面发出了一阵声响，好像风吹动绿叶的声音——前面是一片白杨树林。

猎人站住了，可声音也消失了，周围又变得寂静无声。过了一会儿，声音又响了起来。这回，好像是稀疏的雨点儿打在树叶上。

"啪嗒，啪嗒……"

猎人蹑手蹑脚地朝前走去，已经来到白杨树林的边上了。那声音又停了。

蹑手蹑脚

形容走路脚步放得非常轻。也形容偷偷摸摸、鬼鬼祟祟的样子。蹑，放轻脚步，轻手轻脚。

猎人也停住了脚步，静静地等待着。

现在，是比拼耐性的时候了。看谁的耐性大，是那个躲在白杨树上的，还是这个背着枪，站在白杨树下的？

过了好久，声音又响起来了："啪嗒，啪嗒……"

猎人仰起头，一只小松鸡蹲在树枝上，正用嘴巴啄着树叶。猎人端起枪瞄好了，一声沉闷的枪声，那只小松鸡一个跟头栽了下来。

沉闷

沉重，烦闷，心情不舒畅。

这种打猎就是这样。鸟儿隐蔽，猎人也得隐蔽。看谁先发现对方，看谁的耐性大，看谁的眼睛尖，谁就会胜利。

悦读链接

⟿ 狗的听觉 ⟾

作为人类的好帮手，狗在看门和打猎这两件事情上可以给人类很大的

128

帮助。狗的听觉是人类的16倍，当它们听到声音时，在眼和耳的交感作用下，它们很容易就能做到"眼观六路，耳听八方"。即使是晚上睡觉的时候，狗也始终保持着高度的警觉性，对于来自1公里范围内的声音都可以做出清楚的辨别。

经科学家观察研究发现，狗的耳朵会有效收集周围的声音，将声音通过外耳道来振动鼓膜，甚至可以振动中耳内的耳小骨，再把声音传到内耳的淋巴液，最终再由听觉神经声音信号传输到大脑。这种特别的听觉系统使狗的听觉非常灵敏。它们可以分辨细小的声音和超声波，并且可以对声源做出较准确的判断。

悦读必考

1. 给下列加点字注音。

（　　）　　　（　　　）　　　（　　　）　　　（　　　）

矫健　　　晶莹　　　砍伐　　　觅食

2. 松鸡在什么地方被打中了？

_____

_____

3. 狗是人类的好帮手，请说一说它都能为人类做哪些事情。

_____

_____

_____

锐眼竞赛

问题6

这四只鸟，哪只是家燕，哪只是雨燕？

图1　　　　　图2　　　　　图3　　　　　图4

问题7

你可以从影子分辨出它们分别是哪一种猛禽吗？

图5　　　　　图8

图6　　　　　图9

图7　　　　　图10

配 套 试 题

一、读拼音写词语，注意把字写正确、美观。

xùn	qiào	chú	dī
___色	陡___	___鸟	___防

tún	hóu	hóu	zhāi
___部	咽___	诸___	___饭

二、找出带点字读音错误的一项。

（　　）1. A. 依恋（niàn）　　B. 哺育（bǔ）

C. 懊恼（ào）　　D. 蹑手蹑脚（niè）

（　　）2. A. 犄角（jī）　　B. 孵（fǔ）化

C. 凌晨（líng）　　D. 系（jì）着绳子

（　　）3. A. 歼灭（jiān）　　B. 明晃晃（huǎng）

C. 拘束（shù）　　D. 蒙（méng）骗

三、读下面这段话，然后用"清"组成恰当的词语填入括号里。

走进树林，空气格外（　　　）。只见泉水从泉眼里涌出，顺势向远处流去，汇成了一条（　　　）的小溪。我们喝着（　　　）的泉水，听着（　　　）的鸟叫声，真是心旷神怡！

四、用关联词将下列句子填完整。

1.（　　　）春天没有播种，（　　　）秋天就不会有收获。

2. 春天（　　　）不播种，秋天（　　　）不会有收获。

五、把下面成语补充完整。

不可开（　　　）　　　无精打（　　　）　　　（　　　）不安席

（　　　）之大吉　　　羞（　　　）不已　　　不（　　　）一格

六、按要求改写句子。

1.她低头一看，脚不知道被什么东西戳破了。

改为"把"字句：＿＿＿＿＿＿＿＿＿＿＿＿＿＿＿＿＿＿＿

2.几个唯一的听众在倾听我的弹奏。

修改病句：＿＿＿＿＿＿＿＿＿＿＿＿＿＿＿＿＿＿＿

3.獾怎么能让狐狸住进它的家呢？

改为陈述句：＿＿＿＿＿＿＿＿＿＿＿＿＿＿＿＿＿＿＿

4.牧草抱怨说："集体农庄的庄员们都在欺负它们。"

改为转述句：＿＿＿＿＿＿＿＿＿＿＿＿＿＿＿＿＿＿＿

七、阅读《捕捉小龙虾》一节，回答下列问题。

1.为什么说"5月到8月，是捉小龙虾最好的月份"？用文中的话
回答。

＿＿＿＿＿＿＿＿＿＿＿＿＿＿＿＿＿＿＿＿＿＿＿＿＿＿

＿＿＿＿＿＿＿＿＿＿＿＿＿＿＿＿＿＿＿＿＿＿＿＿＿＿

2.文中说到了哪些小龙虾的生活习惯可以利用来捕虾？

＿＿＿＿＿＿＿＿＿＿＿＿＿＿＿＿＿＿＿＿＿＿＿＿＿＿

＿＿＿＿＿＿＿＿＿＿＿＿＿＿＿＿＿＿＿＿＿＿＿＿＿＿

3.下面的句子运用了哪种修辞手法？用相同的修辞手法造句。

小龙虾是地地道道的夜游神。

运用了（　　　　　）的修辞手法。

造句：_____

4. 想象一下，夏夜捕虾、煮虾、吃虾的情景，用第一人称写一篇小作文，不少于100字。

_____

_____

_____

八、作文。

以"想起来就_____"为题目写一篇文章。

要求：1. 把题目补充完整，横线上可以填"开心、难过、气愤、害怕、好笑"等词语；

2. 有中心，有条理；

3. 不少于300字。

参 考 答 案

夏季第一月——建造家园月

一年：12个月的欢乐诗篇——6月

1. 迁徙——驯鹿在亚马尔半岛上往来迁徙。灿烂——这场灿烂的色彩秀至此彻底结束，直到明年卷土重来。　2. 夏至　冬至　3. 略

大家都住在哪儿

1. 徙（迁徙）　徒（徒弟）　蠹（蠹虫）　蠢（愚蠢）　2. 杜鹃鸟　3. 麻雀把它的巢安置在雕的巢里，又宽敞又透气。

森林大事典

1.（1）C　（2）B　（3）D　（4）A　2. 龙卷风从森林的一个小湖里吸起了大量的水，连同水里的蝌蚪、青蛙和小鱼都吸了上来，然后带着它们在天上跑了好久，才在这个小城市把它们放下来。　3. 略

钩钩不落空

1. 无精打采　弄巧成拙　穷困潦倒　2.（1）山羊　（2）影子　3. 略

农庄新闻

1. yuàn　jǐ　liáo　bǒ　2. 收割过的田地里。　3. 昙花、睡莲。

狩　猎

1. 略　2. 略　3. 塞索伊奇　4. 略

无线电通报：呼叫东西南北

1. 不可开交　荒无人烟　2. 没有。极高的山顶，常年冰天雪地，跟北极一样，永远是冬天。

3. 略

锐眼竞赛

1. 第一个是啄木鸟的洞。洞下面有一大堆木屑，是啄木鸟用嘴巴开凿树洞，为自己建造住宅时搬出来的。第二个是椋鸟洞，椋鸟在这个洞里孵出了小椋鸟。树下没有木屑，树干上沾满鸟屎。
2. 是鼹鼠的洞。　3. 是灰沙燕的"殖民地"。
4. 图1是獾挖的洞，但洞里住的却是狐狸。因为獾很干净，从不往洞里丢脏东西。图2是真正的獾洞。

夏季第二月——雏鸟出世月

一年：12个月的欢乐诗篇——7月

1.（1）小麦　（2）蝙蝠　2. 到处都是吃的：地上、水里、林中，甚至半空，怎么可能不够吃呢？　3. 因为所有的巢里都有了雏鸟。

森林大事典

1. 是呀，只能这样了。　2. 摇头鸟。　3. 略

农庄新闻

1. mài suì　shí huì　qīng cōng　hū rán　2. 北极狐　3. 略

狩　猎

1. 分辨　分辩　2. 背包里面装满了许多嫩嫩的云杉枝。　3. 略

锐眼竞赛

5. 图1、7燕雀；图2、6野鸭；图3、8琴鸡；图4、5隼。

夏季第三月——成群结队月

一年：12个月的欢乐诗篇——8月

1. 左邻（lín）右舍（shè）　身强（qiáng）力壮
2. 挂在细丝上随着风飞。　3. 略

森林大事典

1. 东躲西藏　四面八方　溜之大吉　防不胜防
2. 在自然界里，鸟兽要是没有保护色，活不长久。　3. 同伴的舍命掩护。

绿色朋友

1. 我们相信，如果全国所有的小学生都来一起努力，那么一定会保护好我们的森林。　2. 北方各省和中部地区，在10月初举行，而南方各省则在11月初举行。　3. 略

农庄新闻

1. 热乎乎　白花花　绿油油　高高兴兴　清清楚楚　明明白白　2. 早在7月中旬，蜜蜂们就已经搬到了盛开着帚石楠花的花丛中去了。它们将在那里酿制香甜的帚石楠花蜜。　3. 略

狩　猎

1. jiǎo　yíng　fá　mì　2. 白杨树上。　3. 略

锐眼竞赛

6. 图1、2是灰沙燕和雨燕。（雨燕的翅膀很长，好像镰刀一样。）图3、4是金腰燕和家燕。
7. 图5：隼。图7：秃头鹰。图8：黑鸢。图9：河鸦。图10：雕。

配套试题

一、逊　峭　雏　提　臀　喉　侯　斋　二、1. A
2. B　3. D　三、清新　清澈　清凉　清脆
四、1. 因为　所以　2. 既然　就　五、交　采
寝　溜　愧　拘　六、1. 她低头一看，不知道什么东西把脚戳破了。　2. "几个"和"唯一"矛盾，任选其一。　3. 獾不会让狐狸住进它的家。
4. 牧草抱怨说集体农庄的庄员们都在欺负它们。
七、1. 直到初夏，它们才会裂开，孵出蚂蚁般大小的小虾。　2. 它们最爱吃的是腐肉。即使在水底，隔着很远，它们也能闻到腐肉的气味。
3. 比喻。弯弯的月儿像小小的船。　4. 略　八、略